Aloke Verma

# A Nano Fronteira

Aloke Verma

# A Nano Fronteira

## Explorar a ciência, a tecnologia e a inovação

ScienciaScripts

**Imprint**
Any brand names and product names mentioned in this book are subject to trademark, brand or patent protection and are trademarks or registered trademarks of their respective holders. The use of brand names, product names, common names, trade names, product descriptions etc. even without a particular marking in this work is in no way to be construed to mean that such names may be regarded as unrestricted in respect of trademark and brand protection legislation and could thus be used by anyone.

Cover image: www.ingimage.com

This book is a translation from the original published under ISBN 978-620-7-80965-3.

Publisher:
Sciencia Scripts
is a trademark of
Dodo Books Indian Ocean Ltd. and OmniScriptum S.R.L publishing group

120 High Road, East Finchley, London, N2 9ED, United Kingdom
Str. Armeneasca 28/1, office 1, Chisinau MD-2012, Republic of Moldova, Europe
Printed at: see last page
**ISBN: 978-620-7-87787-4**

# Prefácio

A nanotecnologia está na vanguarda da inovação científica, oferecendo avanços revolucionários em vários domínios, desde os cuidados de saúde e a energia até à sustentabilidade ambiental e à ciência dos materiais. A capacidade de manipular a matéria à nanoescala abre um mundo de possibilidades, impulsionando o progresso e abordando alguns dos desafios mais prementes do nosso tempo. Este livro, "Nanotecnologia: Princípios, Práticas e Aplicações", tem como objetivo fornecer uma panorâmica abrangente dos conceitos fundamentais, das técnicas experimentais e das diversas aplicações da nanotecnologia.

A motivação subjacente a este livro resulta da necessidade de um recurso pormenorizado, mas acessível, que faça a ponte entre a teoria e a prática no domínio da nanotecnologia. À medida que o campo continua a evoluir, torna-se cada vez mais importante para os investigadores, estudantes e profissionais manterem-se a par dos últimos desenvolvimentos e compreenderem os pormenores intrincados que sustentam esta ciência fascinante. Ao oferecer uma visão dos princípios fundamentais e da investigação de ponta, este livro procura servir como uma referência valiosa para qualquer pessoa interessada em explorar as potencialidades da nanotecnologia.

O livro está organizado em vários capítulos, cada um centrado num aspeto específico da nanotecnologia. Começamos com uma introdução aos princípios básicos e ao contexto histórico da nanotecnologia, preparando o terreno para discussões mais aprofundadas. Os capítulos seguintes aprofundam as várias técnicas de síntese e fabrico, destacando os métodos utilizados para criar e manipular nanomateriais. São fornecidas descrições pormenorizadas das técnicas de caraterização, apresentando as ferramentas e os métodos essenciais para analisar os nanomateriais e compreender as suas propriedades.

Uma parte significativa deste livro é dedicada à exploração das diversas aplicações da nanotecnologia. Desde o aumento da eficiência das células solares e o desenvolvimento de sistemas avançados de administração de medicamentos até à criação de novos materiais com propriedades sem precedentes, as aplicações potenciais são vastas e transformadoras. Abordamos também as implicações éticas, legais e sociais (ELSI) da nanotecnologia, salientando a importância do desenvolvimento responsável e a necessidade de considerar os impactos mais alargados dos avanços tecnológicos.

Ao escrever este livro, recorri aos meus anos de experiência no domínio da Física, particularmente em Ciência dos Materiais e Física Teórica. O meu percurso de investigação tem estado profundamente ligado ao estudo e à aplicação da nanotecnologia, e é com grande entusiasmo que partilho os conhecimentos e as ideias adquiridas ao longo do meu percurso. Este livro é o resultado de esforços de colaboração com colegas, estudantes e outros investigadores que contribuíram com os seus conhecimentos e perspectivas.

Estou profundamente grato às muitas pessoas que apoiaram este projeto. Os meus colegas da Universidade de Kalinga deram-me um feedback e um encorajamento inestimáveis. Os estudantes e investigadores que tive o privilégio de orientar têm sido uma fonte constante de inspiração, ultrapassando os limites do que é possível fazer com a nanotecnologia. Por último, agradeço sinceramente à minha família pelo seu apoio e compreensão inabaláveis ao longo deste projeto.

Espero que este livro inspire a curiosidade, promova a compreensão e desperte nos leitores a paixão pela descoberta. Quer seja um investigador experiente, um estudante a iniciar a sua jornada científica ou um profissional que procura aplicar a nanotecnologia na sua área, este livro foi concebido para o equipar com os conhecimentos e as ferramentas necessárias para navegar no fascinante mundo da nanotecnologia.

**Dr. Aloke Verma**

Diretor do Departamento de Física

Universidade de Kalinga, Naya Raipur, Chhattisgarh

# Índice

# Capítulo 1 : Introdução às nanotecnologias

## 1. 1 Introdução

Entre no reino cativante da nanotecnologia, uma disciplina que controla a matéria a uma escala extremamente pequena para gerar avanços que têm efeitos abrangentes na nossa vida quotidiana e no ambiente circundante. A nanotecnologia é um campo de estudo que se centra na ciência, engenharia e tecnologia à escala nanométrica, que varia entre 1 e 100 nanómetros. O termo "nano" vem da palavra grega que significa anão. Para uma melhor compreensão, vale a pena referir que a espessura de uma única folha de jornal é de aproximadamente 100.000 nanómetros. Em escalas desta magnitude, os princípios convencionais da física e da química deixam de ser aplicáveis. A nanotecnologia tem como objetivo compreender e utilizar os atributos distintos dos materiais, que podem manifestar propriedades inteiramente novas.

O significado da nanotecnologia reside na sua adaptabilidade e na sua capacidade de transformar vários domínios, desde a medicina ao fabrico, da eletrónica à preservação do ambiente. A nanotecnologia, através da manipulação de moléculas, tem o potencial de criar materiais e dispositivos mais pequenos, mais rápidos, mais fortes e mais eficientes do que os existentes. O objetivo deste capítulo é estabelecer uma base sólida para a sua compreensão da nanotecnologia. Apresentaremos uma definição abrangente, examinaremos os seus vastos antecedentes históricos e analisaremos os princípios fundamentais que regem este domínio. Além disso, demonstraremos o carácter intrinsecamente interdisciplinar da nanotecnologia, que combina os campos da física, da química, da biologia e da engenharia para promover avanços que anteriormente só eram concebíveis em obras de ficção científica.

Ao concluir este capítulo, terá uma compreensão abrangente da nanotecnologia, reconhecerá a sua trajetória evolutiva e compreenderá os princípios científicos fundamentais que estão na base das suas formidáveis capacidades. Além disso, forneceremos uma visão geral das diferentes utilizações da nanotecnologia, que estabelecerá as bases para uma análise mais aprofundada em secções posteriores. Este estudo abrange mais do que apenas a análise de partículas minúsculas; serve como uma porta de entrada para o futuro dos avanços científicos e tecnológicos.

Vamos dar início a esta exploração do nanomundo, onde investigaremos como a manipulação de fenómenos de pequena escala pode ter efeitos significativos a uma escala maior.

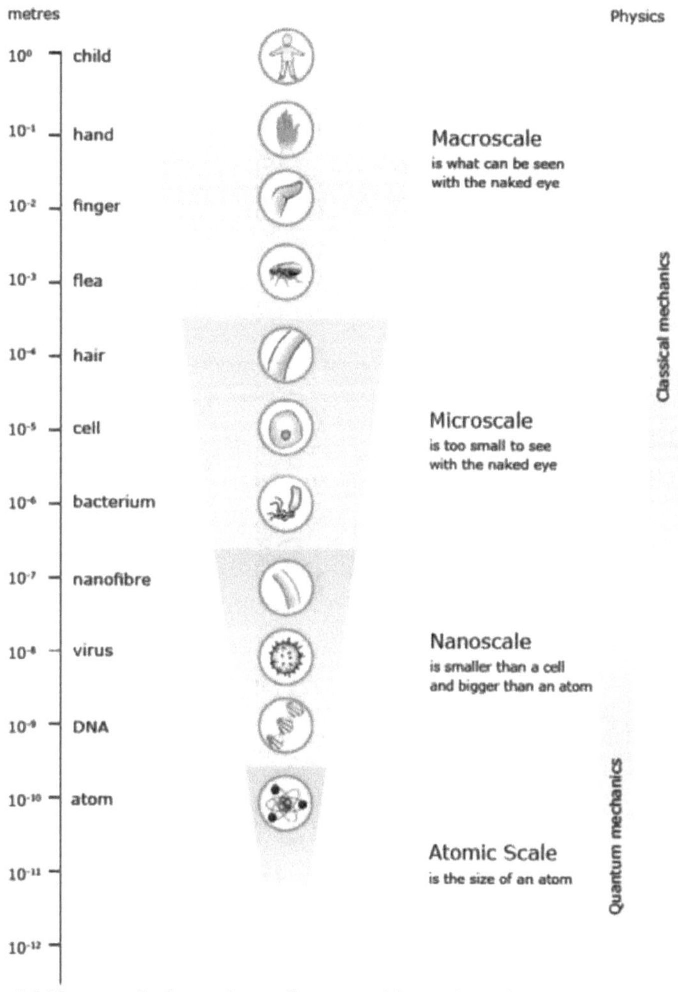


Figura 1.1 Uma escada de escala que ilustra os objectos à escala macroscópica até aos objectos à escala atómica.

(https://www.sciencelearn.org.nz/images/2063-scale-ladder-from-macro-to-atomic).

**1. 2 Definição de nanotecnologia**

A nanotecnologia é uma disciplina científica sofisticada que implica a manipulação e a regulação de materiais a nível atómico e molecular, especificamente na gama de 1 a 100 nanómetros (nm). Um nanómetro equivale a um bilionésimo de metro, o que o torna uma unidade de medida extremamente pequena e difícil de compreender sem a comparar com objectos familiares. Por exemplo, a largura de um cabelo humano é de aproximadamente 80.000 a 100.000 nanómetros, o que ajuda a ilustrar a dimensão extremamente pequena da nanoescala. O diâmetro de um único átomo de ouro é de aproximadamente um terço de um nanómetro, o que realça o nível de precisão necessário no domínio da nanotecnologia.

O âmbito deste campo ultrapassa a mera miniaturização e chega ao domínio em que as leis fundamentais da física clássica são ultrapassadas pelos fenómenos quânticos. Nestas magnitudes, os materiais podem apresentar características físicas, químicas e biológicas fundamentalmente distintas em comparação com os seus homólogos a escalas maiores. A título de exemplo, certas substâncias que não têm transparência podem sofrer uma transformação e tornar-se transparentes, como o cobre. Do mesmo modo, materiais que normalmente não são reactivos podem adquirir a capacidade de catalisar reacções, como a platina. Além disso, os materiais estáveis podem sofrer uma alteração e tornar-se combustíveis, como acontece com o alumínio. Além disso, certos sólidos, como o ouro e a prata, podem passar para o estado líquido à temperatura ambiente normal. Estas transformações proporcionam uma vasta gama de novas aplicações e funcionalidades que não eram possíveis com as tecnologias tradicionais.

A capacidade da nanotecnologia para funcionar e controlar a uma escala tão pequena permite aos cientistas e engenheiros fabricar novos materiais e dispositivos com uma vasta gama de utilizações, desde a medicina e a eletrónica até à otimização energética e às soluções ambientais. A aquisição de um conhecimento abrangente das unidades de medida fundamentais e das características dos materiais à escala nanométrica é essencial para compreender plenamente as vastas possibilidades e consequências da nanotecnologia.

## 1. 3 Evolução histórica

A história da nanotecnologia é uma crónica de descobertas incrementais e avanços cruciais que converteram ideias abstractas em realizações científicas tangíveis. Segue-se uma cronologia sucinta que descreve eventos significativos e indivíduos influentes que influenciaram este campo:

Em 1959, o físico Richard Feynman estabeleceu os princípios fundamentais da nanotecnologia na sua célebre apresentação intitulada "There's Plenty of Room at the Bottom" (Há muito espaço no fundo), que proferiu numa reunião da Sociedade Americana de Física realizada no Caltech. Feynman explorou o conceito de manipulação de materiais ao nível atómico, reconhecendo o vasto potencial desta manipulação molecular precisa.

Figura 1.2 Richard Phillips Feynman (1918-1988).

Em 1981, Gerd Binnig e Heinrich Rohrer, da IBM de Zurique, inventaram o Microscópio de Varrimento por Tunelamento (STM), que foi um feito significativo ao permitir que os cientistas observassem átomos individuais pela primeira vez. A utilização desta ferramenta foi de extrema importância na manipulação de estruturas à escala atómica, o que levou a que Binnig e Rohrer fossem galardoados com o Prémio Nobel da Física em 1986.

**1. 3. 1 Avanços na teoria e nos conceitos**

Em 1986, o Dr. K. Eric Drexler publicou "Engines of Creation: The Coming Era of Nanotechnology", que popularizou o conceito de nanotecnologia e introduziu a ideia de montadores moleculares, máquinas capazes de posicionar átomos e moléculas para a construção de estruturas complexas à nanoescala. A investigação de Drexler despertou a curiosidade e o debate sobre as possíveis capacidades e perigos da nanotecnologia.

### 1. 3. 2 Marcos tecnológicos

Em 1991, Sumio Iijima fez uma descoberta pioneira dos nanotubos de carbono, que revelou as características excepcionais das moléculas cilíndricas de carbono e o seu vasto potencial em domínios como a eletrónica e a ciência dos materiais.

Na década de 2000, o progresso e a melhoria da Microscopia de Força Atómica (AFM) e de outras tecnologias avançadas de imagem e manipulação ofereceram novos meios para observar e manipular objectos à nanoescala. Este facto levou a avanços em diversas disciplinas científicas, como a ciência dos materiais, a química e a biologia.

### 1. 3. 3 Expansão e desenvolvimento de instituições e indústrias

Em 2000, o governo dos EUA criou a Iniciativa Nacional de Nanotecnologia (NNI), um projeto abrangente destinado a atribuir os recursos financeiros e as infra-estruturas necessárias para acelerar a investigação e o desenvolvimento no domínio da nanotecnologia. Esta iniciativa foi crucial na promoção de colaborações entre diferentes disciplinas e no avanço da comercialização de inovações nanotecnológicas. Estes marcos, entre outros, demonstram a progressão da nanotecnologia de uma especulação teórica para uma disciplina científica bem definida com a capacidade de produzir materiais e dispositivos inovadores. As contribuições visionárias de Richard Feynman e Eric Drexler não só serviram de inspiração para futuros cientistas, como também estabeleceram as bases filosóficas e técnicas para a investigação subsequente. Ao examinar o contexto histórico, os estudantes podem obter uma compreensão abrangente da progressão da nanotecnologia até ao seu estado atual e dos seus potenciais desenvolvimentos futuros.

## 1. 4 Conceitos fundamentais

Compreender os princípios básicos da física e da química que constituem os alicerces da nanotecnologia é essencial para perceber como é que os cientistas podem manipular materiais à escala nanométrica para atingir capacidades notáveis. Esta secção explora conceitos fundamentais como a mecânica quântica, a relação área de superfície/volume e as propriedades variáveis dos materiais à nanoescala.

**1. 4. 1 Mecânica quântica:** A nanotecnologia baseia-se fundamentalmente na mecânica quântica, que é um domínio da física que explica o comportamento das partículas aos níveis mais ínfimos. À nanoescala, os materiais desviam-se frequentemente das leis clássicas que regem os objectos de maiores dimensões e, em vez disso, apresentam fenómenos quânticos. A mecânica quântica é crucial na elucidação de fenómenos como o efeito de tunelamento quântico, que é utilizado em dispositivos como o microscópio de tunelamento por varrimento (STM) e vários componentes electrónicos como os pontos quânticos. O tamanho dos pontos quânticos permite um controlo preciso das suas propriedades electrónicas.

**Rácios entre a área de superfície e o volume:** O conceito de área de superfície e rácio de volume é crucial na nanotecnologia. À medida que um objeto diminui de tamanho, o rácio área de superfície/volume aumenta significativamente. Isto indica que uma maior percentagem de átomos está situada na superfície, por oposição ao interior, o que tem um impacto significativo na reatividade química e nas características físicas do material. As nanopartículas possuem uma área de superfície substancial, o que as torna excecionalmente reactivas e adequadas para utilização em catálise e outras aplicações que dependem da interação com a superfície.

**1. 4. 2 Alterações das propriedades à nanoescala:** Os materiais à nanoescala apresentam características ópticas, eléctricas e mecânicas distintas que diferem consideravelmente dos seus homólogos de maior dimensão. As nanopartículas apresentam cores diferentes consoante o seu tamanho, em resultado de alterações nas suas propriedades de absorção e dispersão da luz. Este fenómeno é aproveitado numa vasta gama de aplicações, incluindo a imagiologia médica e o fabrico de tintas.

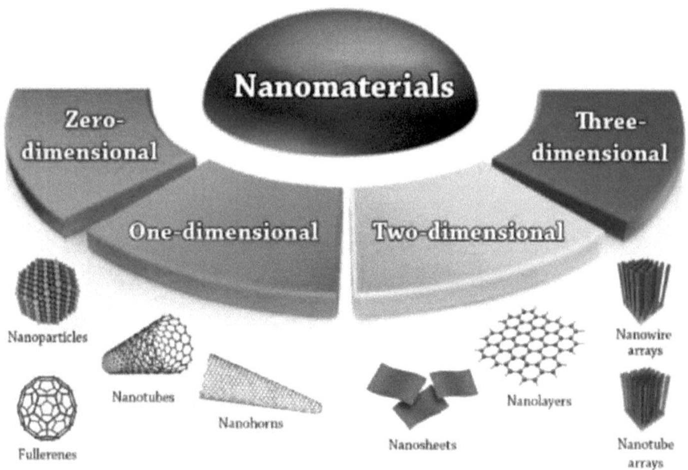


Figura 1.3 Classificação dos nanomateriais com base na dimensionalidade.
(https://jnanobiotechnology.biomedcentral.com/articles/10.1186/s12951-022-01477-

8/figures/1).

**1. 4. 3 Propriedades eléctricas:** A condutividade eléctrica dos materiais tem o potencial de aumentar ou diminuir quando observada à nanoescala. Por exemplo, quando o silício é disposto em nanofios, o que constitui um desvio da sua utilização tradicional em microeletrónica, apresenta um comportamento diferente. Isto tem o potencial de resultar em dispositivos electrónicos mais rápidos e mais eficientes. À escala nanométrica, os materiais podem apresentar maior resistência e elasticidade, conduzindo a propriedades mecânicas melhoradas. Os nanotubos de carbono, por exemplo, possuem uma resistência superior à do aço e são consideravelmente mais leves, criando assim novas perspectivas para utilizações estruturais.

**1. 5 Carácter interdisciplinar**

A nanotecnologia é um domínio inerentemente interdisciplinar que combina princípios e técnicas da física, química, biologia, engenharia e tecnologia. Esta convergência facilita a criação de soluções inovadoras que seriam inatingíveis através dos esforços de qualquer disciplina individual. Obter uma compreensão abrangente da interação entre estas várias disciplinas no domínio da nanotecnologia é essencial para compreender plenamente a sua natureza intrincada e as suas vastas possibilidades.

**1. 5. 1 Síntese de vários domínios de estudo Física e Química:** A física e a química são as disciplinas fundamentais que sustentam os princípios das estruturas atómicas e das interacções na nanotecnologia. A nanotecnologia baseia-se nos princípios da mecânica quântica e da dinâmica molecular para controlar as partículas ao nível atómico. A intersecção entre a nanotecnologia e a biologia é observada de forma mais proeminente no domínio da nanobiotecnologia. Neste domínio, a utilização de materiais e dispositivos à escala nanométrica permite o estudo de processos biológicos, o diagnóstico de doenças e a administração precisa de medicamentos em terapias orientadas. A título de exemplo, as nanopartículas são deliberadamente concebidas para se ligarem a moléculas biológicas específicas, o que lhes permite focar seletivamente as células doentes, deixando as saudáveis inalteradas. A engenharia é crucial na conceção e construção de dispositivos e processos que utilizam fenómenos à nanoescala. A engenharia desempenha um papel crucial na aplicação da investigação nanotecnológica, desde a criação de minúsculos transístores que alimentam os nossos dispositivos electrónicos até à conceção de pequenos sensores que detectam poluentes ambientais.

**1. 5. 2 Tecnologia:** O progresso tecnológico, especificamente nos domínios da imagiologia e da computação, facilita a nanotecnologia ao fornecer os instrumentos necessários para a conceção, análise e manipulação de materiais à nanoescala. A tecnologia desempenha um papel crucial no progresso da nanotecnologia, como demonstrado pela utilização de software sofisticado para modelar interacções à nanoescala e de microscópios avançados capazes de visualizar átomos. Exemplos da investigação interdisciplinar e da sua influência podem ser encontrados no domínio das aplicações médicas. A integração da nanotecnologia com a biologia e a química no domínio da medicina resultou no avanço de terapias e agentes de imagiologia baseados em nanopartículas. Estes avanços permitem a deteção de doenças numa fase mais precoce e a administração de tratamentos com maior precisão, conduzindo a melhorias substanciais nos resultados dos doentes.

**1. 5. 3 Soluções ambientais:** A integração da nanotecnologia, da química e da engenharia resultou no desenvolvimento de sistemas de nanofiltração que podem eliminar os poluentes da água a nível molecular. Estes sistemas oferecem uma alternativa mais eficiente aos métodos tradicionais, garantindo a produção de água potável mais limpa e segura.

Os campos da física, da engenharia e da tecnologia juntam-se na criação da nanoelectrónica. A integração resultou no desenvolvimento de dispositivos que aumentaram significativamente a funcionalidade em dimensões mais pequenas, melhorando assim aspectos como a capacidade de computação e a portabilidade do dispositivo.

## 1. 6 Aplicações da nanotecnologia

A natureza versátil da nanotecnologia permite a sua aplicação generalizada em vários sectores, resultando em avanços inovadores nos domínios da medicina, eletrónica, energia e ciência dos materiais. Esta secção oferece uma introdução abrangente a estas aplicações, acompanhada de estudos de caso concisos que mostram os efeitos práticos da nanotecnologia no mundo real.

A nanotecnologia na medicina, também conhecida como nanomedicina, utiliza nanopartículas para efeitos de diagnóstico, administração e deteção. Isto inclui a utilização de sistemas precisos de administração de medicamentos que transportam substâncias terapêuticas diretamente para o local da doença, reduzindo assim os efeitos adversos e optimizando a eficácia do tratamento. Uma aplicação digna de nota envolve a utilização de nanocarreadores lipossómicos no tratamento do cancro. Estas vesículas têm uma forma esférica e uma bicamada lipídica que pode conter fármacos terapêuticos, protegendo-os da degradação até chegarem às células tumorais. Por exemplo, o Doxil, o primeiro nanomedicamento aprovado pela FDA, utiliza esta técnica para tratar o cancro do ovário e o mieloma múltiplo, diminuindo eficazmente a toxicidade do medicamento e melhorando a sua eficácia.

A nanotecnologia tem desempenhado um papel crucial no progresso da eletrónica, facilitando a criação de dispositivos mais pequenos, mais rápidos e mais eficientes. A utilização de transístores à nanoescala, que são os componentes fundamentais dos microprocessadores, melhorou significativamente as capacidades computacionais e a eficiência operacional. A introdução pela Intel dos transístores Tri-Gate, também conhecidos como transístores 3D, representou um notável avanço tecnológico facilitado pela nanotecnologia. Estes transístores possuem uma configuração tridimensional que melhora o desempenho e a eficiência energética. Trata-se de um desenvolvimento crucial, tendo em conta a redução contínua do tamanho dos componentes dos dispositivos electrónicos.

A nanotecnologia é aplicada nos sistemas energéticos para aumentar a eficiência dos processos de armazenamento, conversão e produção de energia. Os materiais nanoestruturados desempenham um papel crucial no avanço das baterias, células solares e células de combustível.

A eficiência das células solares foi significativamente melhorada através da utilização de tecnologia nanométrica. Isto envolve a incorporação de materiais fotovoltaicos nanoestruturados, que têm a capacidade de absorver uma maior quantidade de luz solar em comparação com as células solares planas convencionais. Empresas como a NanoSolar criaram células solares de película fina utilizando tinta de nanopartículas. Esta inovação resultou na redução das despesas de fabrico e no aumento da eficiência de absorção da luz, aumentando assim a acessibilidade e a acessibilidade económica da energia solar.

A nanotecnologia revolucionou a ciência dos materiais, permitindo a criação de materiais que não só são mais fortes e duradouros, como também mais leves. Estes materiais têm diversas aplicações, que vão desde a indústria aeroespacial ao equipamento desportivo.

Os nanotubos de carbono têm sido utilizados para aumentar a resistência de materiais compósitos leves sem aumentar substancialmente o seu peso. Estes compósitos são utilizados no sector aeroespacial para diminuir o peso da aeronave, aumentando assim a eficiência e o desempenho do combustível. Estes materiais também proporcionam maior durabilidade e melhor desempenho mecânico para artigos desportivos, como raquetes de ténis e bicicletas.

## 1. 7 Implicações éticas, ambientais e sociais

As nanotecnologias têm um imenso potencial de inovação em vários sectores, mas também colocam desafios éticos, ambientais e sociais significativos. Estes desafios incluem a saúde e a segurança dos seres humanos, preocupações com a privacidade devido a novos métodos de vigilância e a dupla utilização da nanotecnologia.

A saúde e a segurança são questões cruciais, uma vez que as nanopartículas podem representar riscos para a saúde quando inaladas ou absorvidas através da pele. É essencial dar prioridade a protocolos de manuseamento seguro e a avaliações exaustivas da toxicidade antes da comercialização. As preocupações com a privacidade decorrem da possibilidade de dispositivos equipados com nanotecnologia monitorizarem indivíduos sem autorização explícita.

A nanotecnologia pode tanto melhorar como pôr em perigo o ambiente, com aplicações que podem atenuar a poluição utilizando materiais nanoestruturados. No entanto, os contaminantes emergentes podem representar riscos ecológicos, potencialmente prejudiciais para a vida selvagem e a vegetação. As implicações estruturais são significativas, particularmente em termos de preocupações económicas e de equidade social. As vantagens da nanotecnologia podem não ser distribuídas uniformemente entre todos os membros da sociedade, potencialmente exacerbadas pelos custos elevados e pelo acesso limitado a indivíduos ou nações abastadas. A desinformação e a compreensão limitada da nanotecnologia podem afetar negativamente a perceção e a confiança do público, exigindo uma comunicação transparente e estratégias inclusivas de envolvimento do público. É necessária uma governação eficiente para lidar com as consequências éticas, ambientais e sociais das nanotecnologias. A regulamentação constitui um desafio devido ao rápido progresso da nanotecnologia e a colaboração internacional é essencial para o estabelecimento de normas e regulamentos globais. Em conclusão, a nanotecnologia tem um potencial significativo, mas o seu progresso deve ser orientado por uma análise cuidadosa das preocupações éticas, ambientais e sociais. Para otimizar plenamente as vantagens e minimizar os potenciais perigos, é crucial confrontar diretamente estas consequências e assegurar o seu impacto positivo na sociedade.

**1. 8 Resumo**

Este capítulo fornece uma introdução abrangente à nanotecnologia, explorando a sua definição, desenvolvimento histórico, conceitos fundamentais e natureza interdisciplinar. Segue-se uma recapitulação dos principais pontos abordados:

- **Definição e âmbito de aplicação**: A nanotecnologia envolve a manipulação de materiais à escala nanométrica, normalmente entre 1 e 100 nanómetros. Este domínio ultrapassa a mera miniaturização e inclui a manipulação de partículas moleculares e atómicas, que apresentam propriedades físicas, químicas e biológicas únicas.
- **Desenvolvimento histórico**: Os principais marcos incluem o discurso visionário de Richard Feynman em 1959, a invenção do microscópio de varrimento por túnel em 1981 e a descoberta dos nanotubos de carbono em 1991. Estes avanços moldaram significativamente o desenvolvimento da nanotecnologia.
- **Conceitos fundamentais**: Conceitos fundamentais como a mecânica quântica e os rácios área de superfície/volume desempenham papéis críticos à nanoescala, influenciando os comportamentos únicos dos materiais. A compreensão destes conceitos é essencial para aproveitar o potencial da nanotecnologia.
- **Natureza interdisciplinar**: A nanotecnologia combina a física, a química, a biologia, a engenharia e a tecnologia, facilitando inovações revolucionárias. Esta abordagem interdisciplinar é vital para o desenvolvimento de novas soluções com impacto em vários sectores.
- **Aplicações**: As aplicações da nanotecnologia são vastas, afectando indústrias como a medicina, a eletrónica, a energia e a ciência dos materiais. Inovações como os sistemas de administração de medicamentos específicos em nanomedicina, o aumento do desempenho em eletrónica e a melhoria da eficiência na captação e armazenamento de energia exemplificam o seu potencial transformador.

- **Implicações éticas, ambientais e sociais**: Embora a nanotecnologia ofereça benefícios significativos, também coloca desafios que devem ser abordados de forma responsável. As questões incluem preocupações de saúde e segurança, privacidade, impactos ambientais e equidade social. A governação eficaz e o envolvimento do público são cruciais para enfrentar estes desafios.

A nanotecnologia não é apenas uma questão de melhorias tecnológicas em pequena escala; trata-se de tirar partido das propriedades únicas dos materiais à escala nanométrica para criar avanços significativos em vários domínios. O seu potencial para revolucionar múltiplos aspectos da vida sublinha a importância de compreender e continuar a explorar este domínio dinâmico. À medida que avançamos, é imperativo equilibrar a inovação com a responsabilidade ética para garantir que a nanotecnologia beneficia todos os sectores da sociedade. Este capítulo estabelece as bases para uma maior exploração e compreensão da nanotecnologia, preparando os estudantes para se aprofundarem em aplicações e implicações específicas nos capítulos seguintes.

## 1. 9 Questões e problemas de revisão

### 1. 9. 1 Perguntas de revisão

1. **Definição e princípios**: O que é a nanotecnologia e porque é que o comportamento dos materiais difere à nanoescala em comparação com a macroescala?
2. **Contexto histórico**: Discutir o significado da palestra de Richard Feynman de 1959 "There's Plenty of Room at the Bottom" no contexto do desenvolvimento da nanotecnologia.
3. **Mecânica Quântica**: Explicar como a mecânica quântica desempenha um papel nas propriedades dos nanomateriais. Dar exemplos de como isto pode afetar as suas propriedades eléctricas ou ópticas.
4. **Impacto interdisciplinar**: Como é que a natureza interdisciplinar da nanotecnologia contribui para inovações em domínios como a medicina ou a eletrónica?
5. **Considerações éticas**: Quais são algumas das preocupações éticas associadas à nanotecnologia, particularmente em aplicações médicas? Como é que essas preocupações devem ser abordadas?

### 1. 9. 2 Problemas

1. **Conceção da aplicação**: Imagine que é um cientista encarregado de conceber um sistema de administração de medicamentos baseado em nanopartículas para o

tratamento do cancro. Descreva as considerações de conceção que faria para garantir que as nanopartículas atingem eficazmente as células cancerosas sem afetar as células saudáveis.

2. **Avaliação do impacto ambiental**: Considere um cenário em que uma empresa pretende fabricar painéis solares nano-melhorados. Delinear um plano para avaliar os impactos ambientais destes painéis ao longo do seu ciclo de vida, desde a produção até à eliminação.
3. **Proposta tecnológica**: Proponha uma nova utilização para os nanotubos de carbono na eletrónica ou na ciência dos materiais. Explique como as propriedades dos nanotubos de carbono podem ser vantajosas para a aplicação proposta.
4. **Desenvolvimento de um protocolo de segurança**: Desenvolver um protocolo de segurança para um laboratório que efectue investigação com nanomateriais. Incluir medidas de proteção dos investigadores contra a inalação e a exposição da pele.
5. **Estratégia de envolvimento do público**: Conceba uma estratégia de envolvimento do público para educar uma comunidade sobre os benefícios e riscos da nanotecnologia. Pense na forma como abordaria os equívocos comuns e promoveria uma compreensão equilibrada.

# Capítulo 2 : Conceitos básicos de física e química

## 2. 1 Introdução

Bem-vindo ao intrincado mundo da nanotecnologia, onde os mais pequenos ajustes a nível atómico e molecular podem levar a avanços monumentais em vários campos. No centro desta tecnologia revolucionária encontram-se conceitos fundamentais da física e da química que explicam o comportamento e a interação dos materiais a escalas inimagináveis a olho nu. Este capítulo tem como objetivo desmistificar estes princípios fundamentais, preparando o terreno para uma compreensão mais profunda da forma como a nanotecnologia manipula os blocos de construção da matéria para criar novas funcionalidades e inovações.

A compreensão da estrutura atómica e do modo como os electrões se comportam em diferentes ambientes químicos permite compreender por que razão os materiais à escala nanométrica apresentam propriedades físicas, químicas e biológicas únicas. Desde a organização da tabela periódica até às complexidades da mecânica quântica, cada conceito baseia-se no seguinte, revelando uma imagem detalhada do mundo nano.

Além disso, os princípios da ligação química, das interacções moleculares e da química das superfícies são cruciais para compreender o modo como os nanomateriais podem ser sintetizados, manipulados e integrados nas tecnologias existentes para melhorar o seu desempenho ou criar produtos inteiramente novos. Além disso, a exploração da termodinâmica e da cinética à nanoescala permitirá compreender por que razão estes materiais se comportam de forma diferente dos seus homólogos a granel, nomeadamente em termos de consumo e produção de energia.

No final deste capítulo, não só compreenderá estes conceitos fundamentais, como também apreciará as suas aplicações práticas em cenários nanotecnológicos do mundo real. Quer se trate de desenvolver eletrónica mais rápida, medicamentos mais eficazes ou soluções energéticas mais limpas, os conceitos básicos de física e química aqui abordados são ferramentas essenciais para qualquer aspirante a nanotecnólogo. Vamos embarcar nesta viagem microscópica, explorando a forma como os princípios fundamentais da ciência impulsionam as inovações do futuro.

## 2. 2 Estrutura atómica e tabela periódica

No coração da nanotecnologia está o intrincado mundo dos átomos e da tabela periódica. Compreender a estrutura atómica e a forma como os elementos estão organizados na tabela periódica é crucial para a manipulação de materiais à nanoescala. Este capítulo analisa os componentes fundamentais dos átomos, explora a evolução dos modelos atómicos e explica a organização estruturada da tabela periódica, que é essencial para prever as propriedades e os comportamentos químicos.

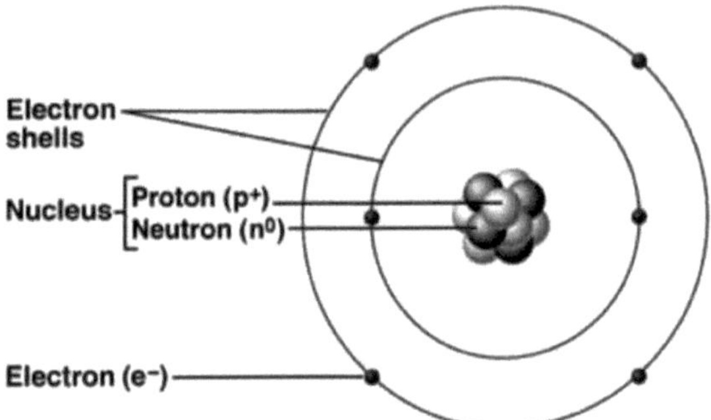


Figura 2.1 Estrutura atómica.

### 2. 2. 1 Partículas subatómicas

Os átomos, as unidades fundamentais da matéria, são compostos por três tipos principais de partículas subatómicas: protões, neutrões e electrões. Cada uma delas desempenha um papel crucial na definição das propriedades e do comportamento de um elemento. Aqui, aprofundamos a natureza e a função destas partículas dentro do átomo.

**Protões:** Os protões são partículas de carga positiva localizadas no núcleo, no centro de um átomo. O número de protões no núcleo de um átomo é referido como o número atómico, que é um identificador único para cada elemento químico encontrado na tabela periódica. Este número atómico não só determina o tipo de elemento, como também influencia muitas das suas propriedades químicas. Por exemplo, o carbono tem sempre seis protões, e qualquer átomo com seis protões é um átomo de carbono. A carga positiva dos protões desempenha um papel fundamental na atração de electrões e na sua fixação em torno do núcleo, definindo assim a estrutura da nuvem eletrónica que influencia as ligações e reacções químicas.

**Neutrões:** Os neutrões, tal como os protões, estão localizados no núcleo de um átomo, mas não têm carga (são neutros). O seu principal papel é acrescentar massa ao átomo e dar estabilidade ao núcleo. O número de neutrões pode variar dentro de um mesmo elemento, dando origem a diferentes isótopos. Por exemplo, o carbono-12 e o carbono-14 são ambos isótopos de carbono, diferindo apenas no número de neutrões nos seus núcleos. Os neutrões ajudam a estabilizar o núcleo, compensando a repulsão eletrostática entre os protões. Nos elementos com maior número atómico, os neutrões são cruciais para evitar que o núcleo se parta.

**Electrões:** Os electrões são partículas subatómicas com uma carga negativa e são significativamente mais leves do que os protões e os neutrões. Os electrões orbitam o núcleo em vários níveis de energia ou camadas de electrões. A disposição dos electrões em torno do núcleo determina a capacidade de um átomo se ligar a outros átomos, as suas propriedades eléctricas e muitas outras características químicas.

Os electrões são essenciais para as reacções químicas porque estão envolvidos na formação de ligações químicas. Quando os átomos entram em contacto, podem partilhar, doar ou receber electrões, o que leva à formação de moléculas ou compostos iónicos. O comportamento dos electrões em materiais condutores (como os metais), semicondutores e isolantes também está na base de grande parte da tecnologia moderna, especialmente no domínio da nanotecnologia.

### 2. 2. 2 Modelos atómicos

#### Evolução dos modelos atómicos

A evolução dos modelos atómicos é uma viagem fascinante através da história da ciência, reflectindo a nossa crescente compreensão da estrutura do átomo. Cada modelo introduziu novos conceitos baseados nas últimas evidências experimentais, abrindo caminho para novas descobertas e para o desenvolvimento da mecânica quântica moderna. Eis um resumo das principais etapas da evolução dos modelos atómicos:

#### Teoria atómica de Dalton (1803)

John Dalton, um químico e físico inglês, propôs uma teoria em 1803 que revolucionou a compreensão do mundo material. A sua teoria sugeria que toda a matéria é composta por unidades pequenas e indivisíveis chamadas átomos. Segundo Dalton, estes átomos não podem ser criados, divididos ou destruídos em reacções químicas, mantendo assim a sua integridade e identidade ao longo das mudanças. Dalton propôs ainda que todos os átomos de um dado elemento são idênticos na sua massa e propriedades físicas, mas diferem dos átomos de outros elementos que têm massas e propriedades distintas. Esta ideia trouxe uma nova clareza às leis da conservação da massa e das proporções definidas nas reacções químicas.

#### Pontos-chave da teoria atómica de Dalton

- **Indivisibilidade dos átomos:** Dalton postulou que os átomos eram a unidade mais pequena da matéria, um conceito que se manteve até à descoberta de partículas subatómicas como os electrões, protões e neutrões.
- **Identidade dos elementos:** Cada elemento é caracterizado pela massa dos seus átomos, o que levou ao conceito moderno de peso atómico.

  **Composição única:** Os átomos de diferentes elementos podem combinar-se em proporções fixas e simples de números inteiros para formar compostos.

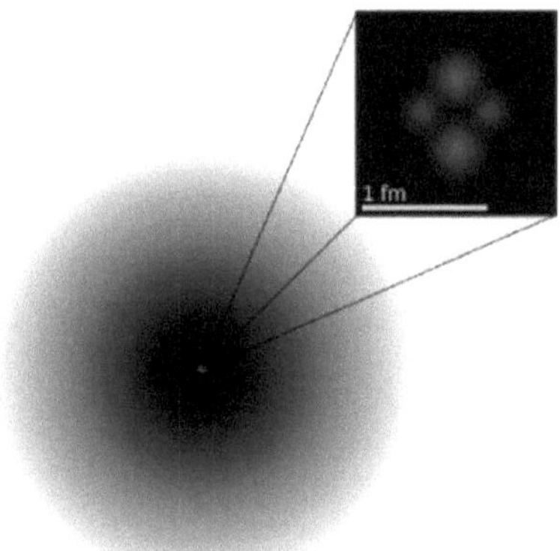


Figura 2.2 O modelo atómico de Dalton.

A teoria atómica de Dalton lançou as bases da química moderna, fornecendo uma explicação estruturada para as reacções e composições químicas:

- **Fundamento das Reacções Químicas:** Ao compreender que as reacções químicas envolvem rearranjos de átomos que não são alterados na sua estrutura interna, os químicos podem começar a conservar a massa nas suas equações, a prever os resultados das reacções e a sintetizar novos compostos de forma mais eficiente.
- **Lei das proporções múltiplas:** Esta lei, que Dalton formulou, afirma que quando dois elementos se combinam em mais do que uma proporção para formar compostos diferentes, os pesos de um elemento que se combinam com um peso fixo do outro estão numa proporção de pequenos números inteiros. Este facto foi crucial para o desenvolvimento das fórmulas dos compostos químicos.
- **Estímulo para novas descobertas:** Embora alguns aspectos da teoria de Dalton

tenham sido mais tarde revistos - como a indivisibilidade dos átomos - ela estimulou uma maior exploração da natureza dos átomos, levando eventualmente à descoberta das partículas subatómicas e das complexas estruturas internas dos átomos.

A teoria atómica de Dalton marca assim uma época importante no estudo científico da matéria, transformando a química numa ciência quantitativa baseada na manipulação de substâncias puras cujo comportamento pode ser previsto e controlado. Também exemplifica a forma como as teorias científicas evoluem, servindo inicialmente como quadros que explicam adequadamente os factos conhecidos, mas que são modificados ou alargados à medida que surgem novos dados.

**Modelo de Pudim de Ameixa de Thomson (1904)**

Em 1897, J.J. Thomson, um físico inglês, fez uma descoberta inovadora que viria a desafiar as noções existentes sobre a estrutura atómica proposta por Dalton. Através das suas experiências com raios catódicos, Thomson descobriu o eletrão - uma pequena partícula de carga negativa. Esta descoberta levou-o a propor um novo modelo do átomo que era radicalmente diferente das esferas sólidas e indivisíveis de Dalton.

Thomson sugeriu que o átomo é composto por uma matriz de carga positiva ou "pudim", no interior do qual se encontram os electrões, comparáveis a "ameixas". Ele imaginou que estes electrões estavam distribuídos pelo átomo, como passas num pudim ou sementes numa melancia, flutuando e contribuindo para uma carga positiva global que equilibrava as cargas negativas dos electrões.

**Principais características do modelo Plum Pudding**

- **Composição**: O átomo não é uma partícula indivisível, mas um composto de cargas positivas e negativas.
- **Estrutura**: Os electrões estão dispersos dentro de uma carga positiva uniformemente distribuída, anulando os efeitos uns dos outros para tornar o átomo eletricamente neutro em geral.

O modelo do Pudim de Ameixa foi significativo por várias razões:

- **Incorporação do eletrão**: Este foi o primeiro modelo atómico a incluir o eletrão, reconhecendo assim a divisibilidade do átomo e a existência de partículas subatómicas. Abriu novos caminhos para a compreensão das propriedades eléctricas dos átomos.

- **Desafio à teoria de Dalton**: Ao demonstrar que os átomos eram divisíveis em partes mais pequenas, o modelo de Thomson contradizia diretamente a noção de Dalton de que os átomos eram a unidade mais pequena da matéria. Este facto lançou as bases para o desenvolvimento de outros modelos atómicos.
- **Catalisador de novas experiências**: O modelo de Thomson preparou o terreno para a realização de experiências mais sofisticadas para investigar a estrutura interna do átomo. Mais notavelmente, conduziu à experiência da folha de ouro de Ernest Rutherford, que acabaria por levar à queda do Modelo do Pudim de Ameixa e à ascensão do Modelo Nuclear do átomo.

Apesar da sua eventual obsolescência, o modelo do pudim de ameixa de Thomson foi um passo crucial na evolução da teoria atómica. Fez com que a comunidade científica deixasse de pensar no átomo como uma unidade única e indivisível e passasse a pensar numa entidade composta, abrindo caminho para a física e a química atómicas modernas. Este modelo realçou a complexa estrutura interna do átomo e promoveu uma investigação mais profunda sobre a natureza da matéria e da eletricidade.

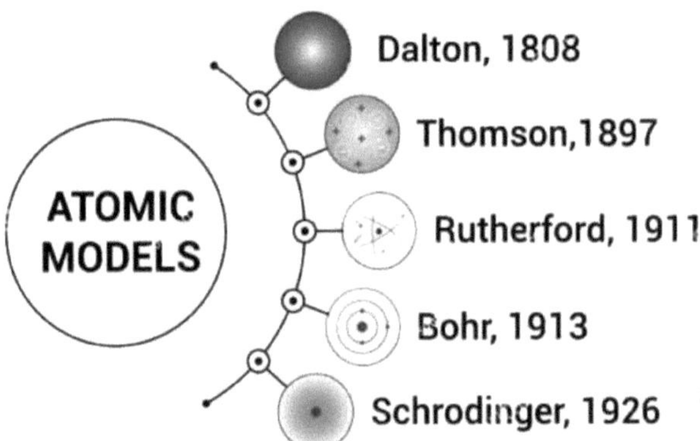


Figura 2.3 Evolução do modelo atómico.

**Modelo Nuclear de Rutherford (1911)**

Ernest Rutherford, um físico nascido na Nova Zelândia, revolucionou a compreensão da estrutura atómica com a sua famosa experiência da folha de ouro, realizada em 1909-1911. Através desta experiência, Rutherford e os seus colegas apontaram um feixe de partículas alfa (núcleos de hélio) a uma folha fina de folha de ouro. Observaram que, embora a maioria das partículas alfa passasse através da folha de ouro com pouca ou nenhuma deflexão, algumas eram deflectidas em grandes ângulos e outras até faziam ricochete.

A partir destas observações, Rutherford concluiu que o átomo é constituído por um núcleo pequeno e denso que contém toda a carga positiva e a maior parte da massa do átomo. Propôs que os electrões orbitam este núcleo, tal como os planetas orbitam o Sol, e que a maior parte do átomo é espaço vazio. Isto foi uma mudança significativa em relação ao modelo de Thomson, que sugeria que os electrões estavam embebidos numa nuvem difusa de carga positiva.

**Principais características do modelo nuclear de Rutherford**

- **Núcleo**: No centro do átomo, contendo toda a carga positiva (protões) e quase toda a massa.
- **Electrões**: Os electrões orbitam o núcleo a distâncias relativamente grandes, sendo responsáveis pelo tamanho do átomo mas muito pouco pela sua massa.
- **Espaço maioritariamente vazio**: Contrariamente aos modelos anteriores, as descobertas de Rutherford demonstraram que os átomos são maioritariamente espaço vazio, com o núcleo denso a ocupar uma pequena região central.

**Impacto:** A introdução do modelo nuclear teve implicações profundas.

- **Conceito de estrutura nuclear**: O modelo de Rutherford foi o primeiro a introduzir o conceito de um núcleo discreto, centralizando a massa e a carga positiva do átomo num volume muito pequeno em comparação com o tamanho total do átomo.
- **Descoberta do protão**: Seguindo o seu modelo inicial, Rutherford colocou a hipótese da existência do protão, que foi confirmada mais tarde. Esta descoberta veio aprofundar a compreensão do núcleo atómico, diferenciando-o de um mero ponto de carga positiva.
- **Alicerces da Física Moderna**: O Modelo Nuclear preparou o terreno para a física atómica moderna e a mecânica quântica. Influenciou diretamente o modelo de Bohr do átomo e, mais tarde, o modelo mecânico quântico completo do átomo.
- **Catalisador de novas descobertas**: O modelo levou a novas investigações sobre a estrutura do próprio núcleo, conduzindo eventualmente à descoberta do neutrão em 1932 por James Chadwick, um aluno de Rutherford.

O modelo nuclear de Rutherford não só aperfeiçoou significativamente o modelo atómico, como também abriu novos caminhos na física teórica e experimental, estabelecendo as bases para a nossa atual compreensão do átomo. Este modelo sublinhou a complexidade da estrutura atómica e conduziu diretamente ao desenvolvimento da teoria quântica e da física nuclear.

**Modelo de Bohr (1913)**

Desenvolvido por Niels Bohr em 1913, o Modelo de Bohr introduziu uma ideia radical de que os electrões orbitam o núcleo em órbitas fixas e quantizadas, a que ele chamou "estados estacionários". Ao contrário do que a mecânica clássica previa, Bohr sugeriu que estes electrões não irradiam energia enquanto orbitam. Em vez disso, apenas emitem ou absorvem energia quando saltam de uma órbita para outra, sendo a diferença de energia entre essas órbitas libertada ou absorvida sob a forma de radiação electromagnética. Este conceito constituiu uma divergência significativa em relação aos modelos atómicos anteriores, incorporando a teoria quântica na compreensão da estrutura atómica.

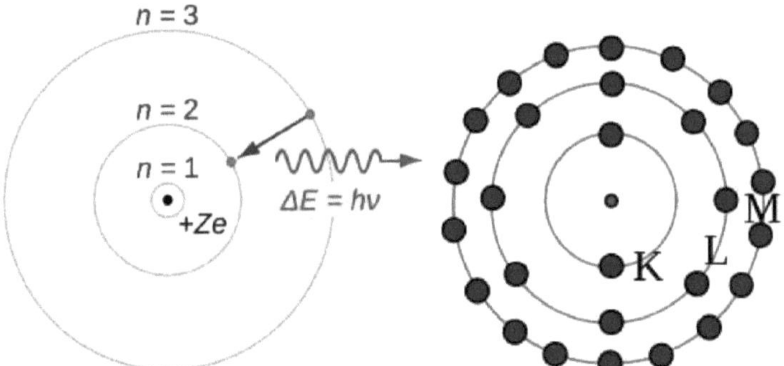


Figura 2.4 Modelo atómico de Bohr.

**Principais características do modelo de Bohr**

- **Órbitas Quantizadas**: Os electrões viajam em órbitas específicas e fixas em torno do núcleo

  sem perder energia devido à radiação. Cada órbita corresponde a um nível de energia específico.

- **Absorção e emissão de energia**: Os electrões podem mover-se entre estas órbitas absorvendo ou emitindo um quantum de energia (fotão) que corresponde à diferença de energia entre as órbitas inicial e final.

- **Estabilidade dos electrões**: No modelo de Bohr, os electrões nas suas órbitas designadas são estáveis, o que explica o facto de os átomos não colapsarem apesar das forças electromagnéticas que neles actuam.

**Impacto:** O modelo de Bohr teve várias implicações e impactos críticos

- **Explicação da estabilidade atómica**: O modelo de Bohr explicou porque é que os átomos são estáveis e porque é que os electrões não entram em espiral no núcleo, algo que a física clássica não conseguia resolver adequadamente.
- **Espectro de emissão do hidrogénio**: O modelo explicou com sucesso o espetro de emissão do hidrogénio, um dos seus sucessos mais notáveis. Aplicando a quantização, Bohr conseguiu prever as frequências da luz emitida pelo hidrogénio, que correspondiam precisamente às observações experimentais.
- **Desenvolvimento da mecânica quântica**: A introdução da teoria quântica no modelo atómico por Bohr foi fundamental para o desenvolvimento da mecânica quântica moderna. O seu trabalho colmatou o fosso entre os conceitos clássicos e as novas ideias quânticas que surgiam na altura.
- **Base para outros modelos**: O modelo de Bohr lançou as bases para teorias mais avançadas, incluindo o modelo mecânico quântico do átomo desenvolvido por Schrodinger e Heisenberg. Embora se tenha verificado mais tarde que o modelo de Bohr era demasiado simples para explicar átomos mais complexos do que o hidrogénio, foi crucial para a evolução da física teórica.

O modelo atómico de Bohr marcou um ponto de viragem no domínio da física atómica, introduzindo fenómenos quânticos em estruturas clássicas e resolvendo enigmas de longa data sobre os espectros e a estrutura atómica. Apesar das suas limitações, a capacidade do modelo para descrever o espetro do átomo de hidrogénio continua a ser um feito seminal na física.

**Modelo de Mecânica Quântica (1926)**

O modelo mecânico quântico do átomo, formulado em meados da década de 1920, representa um avanço fundamental na nossa compreensão da estrutura atómica. Este modelo integra os princípios da mecânica quântica, desenvolvidos principalmente por físicos como Erwin Schrodinger e Werner Heisenberg. Introduz uma mudança fundamental na forma como os electrões são conceptualizados dentro de um átomo, passando da ideia dos electrões como partículas em órbitas fixas (como no modelo de

Bohr) para uma representação mais complexa dos electrões como entidades ondulatórias distribuídas à volta do núcleo em "orbitais" - regiões do espaço onde existe uma elevada probabilidade de encontrar um eletrão.

**Principais características do modelo mecânico quântico**

- **Orbitais de electrões**: Ao contrário das órbitas, que são trajectórias fixas, as orbitais são definidas como regiões no espaço onde existe uma elevada probabilidade de encontrar um eletrão. Estas orbitais têm várias formas (esféricas, halteres, etc.) e tamanhos, indicando a distribuição dos electrões à volta do núcleo.
- **Dualidade onda-partícula**: Os electrões são tratados como partículas e ondas, uma natureza dual que é fundamental para a mecânica quântica. Este conceito é essencial para explicar porque é que os electrões têm níveis de energia discretos e como se comportam nos átomos.
- **Princípio da Incerteza**: O Princípio da Incerteza de Werner Heisenberg, que afirma que a posição e o momento de um eletrão não podem ser determinados com precisão ao mesmo tempo, é um aspeto crítico deste modelo. Este princípio enfatiza a natureza probabilística das previsões da mecânica quântica.

**Impacto:** O modelo mecânico quântico influenciou profundamente a nossa compreensão das estruturas atómicas e moleculares.

- **Comportamentos complexos dos átomos**: Este modelo explica uma vasta gama de fenómenos que anteriormente eram intrigantes, tais como as complexidades das ligações químicas, as formas das moléculas e os comportamentos dos átomos em ambientes químicos variáveis.
- **Base para a química e física modernas**: Ao fornecer uma descrição detalhada e precisa do comportamento dos electrões, o modelo da mecânica quântica é crucial para áreas como a química, a ciência dos materiais e a física nuclear. Permitiu aos cientistas prever e explicar as propriedades dos átomos e das moléculas com grande exatidão, conduzindo a inovações em numerosas tecnologias.
- **Avanços tecnológicos**: As implicações do modelo estendem-se para além da ciência pura, para aplicações práticas em eletrónica, ótica e outros domínios. Por exemplo, a nossa compreensão dos semicondutores, que são fundamentais em toda a eletrónica moderna, baseia-se fortemente na mecânica quântica.
- **Enquadramento educativo**: Serve de base para o ensino da teoria atómica

moderna nos currículos educativos, tendo um impacto significativo na forma como a química e a física são ensinadas em todo o mundo.

O modelo mecânico quântico continua a ser o modelo mais preciso e amplamente aceite para descrever as estruturas dos átomos e o comportamento dos electrões. O seu desenvolvimento constituiu um marco importante na física teórica, influenciando inúmeros aspectos da ciência e da tecnologia.

**Desenvolvimentos contemporâneos**

Desde o estabelecimento do Modelo Mecânico Quântico, a teoria atómica tem continuado a evoluir dramaticamente. A física moderna ultrapassou a estrutura básica do átomo para se aprofundar nos componentes e interacções ainda mais pequenos que ocorrem ao nível quântico. Isto levou à descoberta de partículas subatómicas, como os quarks e os gluões, que são constituintes fundamentais dos protões e neutrões que se encontram nos núcleos atómicos. Os investigadores também fizeram progressos significativos na compreensão da forma como estas partículas interagem sob várias forças, um estudo que foi crucial para o desenvolvimento do Modelo Padrão da física das partículas. Estas descobertas abriram novas possibilidades em domínios emergentes como a computação quântica e a nanotecnologia, em que a manipulação de materiais e dados a nível quântico oferece um potencial revolucionário.

Principais características dos empreendimentos contemporâneos

- **Partículas subatómicas:** A identificação de quarks e gluões permitiu uma compreensão mais profunda da estrutura dos núcleos (protões e neutrões). Os quarks existem em seis "sabores" (up, down, charm, strange, top, bottom) e interagem através da força nuclear forte mediada por gluões.
- **Teoria Quântica de Campos:** Os avanços nesta área ajudaram os físicos a descrever as interacções entre quarks e gluões, explicando os fenómenos que ocorrem no interior do núcleo de um átomo.
- **Inovações tecnológicas:** A mecânica quântica conduziu ao desenvolvimento de novas tecnologias, como os computadores quânticos, que utilizam bits quânticos (qubits) para efetuar operações a velocidades inatingíveis pelos computadores clássicos.

Os desenvolvimentos contemporâneos da física atómica e subatómica tiveram um impacto profundo em múltiplos domínios:

- **Compreensão refinada da matéria:** As descobertas modernas continuam a aperfeiçoar a nossa compreensão do átomo e dos seus componentes, fornecendo modelos mais precisos que explicam uma variedade de fenómenos físicos.
- **Avanços tecnológicos:** A compreensão das interacções atómicas a nível quântico tem facilitado avanços tecnológicos significativos. Por exemplo, a computação quântica promete revolucionar domínios que vão da criptografia à descoberta de medicamentos, resolvendo problemas complexos de forma mais eficiente do que os computadores tradicionais.
- **Ciência dos materiais:** A manipulação de materiais a nível atómico e molecular levou à criação de novos materiais com propriedades personalizadas para aplicações específicas, melhorando sectores como a eletrónica, a energia e a biomedicina.
- **Implicações para o ensino e a investigação:** Estes avanços também transformaram os currículos científicos e a investigação, promovendo uma nova geração de cientistas que estão a abordar algumas das questões mais difíceis da física.

Os desenvolvimentos contemporâneos na teoria atómica não são apenas académicos; têm aplicações práticas que têm impacto na tecnologia do dia a dia e impulsionam o futuro da inovação. Ao compreenderem as partículas e as forças fundamentais que regem o universo, os cientistas estão a preparar o caminho para novas descobertas e tecnologias que poderão transformar a nossa compreensão do mundo.

Cada modelo baseou-se nas observações e limitações dos anteriores, demonstrando a natureza progressiva da compreensão científica. Estes modelos não só aprofundaram a nossa compreensão do átomo, como também tiveram implicações profundas em toda a ciência, afectando a forma como manipulamos os materiais, geramos energia e até tratamos doenças.

**Importância da nanotecnologia**

Na nanotecnologia, a compreensão do comportamento dos protões, neutrões e electrões é essencial para a manipulação de materiais a nível atómico e molecular. Por exemplo, as propriedades eléctricas dos nanomateriais podem ser adaptadas através do controlo do movimento e da disposição dos electrões nas diferentes estruturas atómicas. Do mesmo modo, a estabilidade e a reatividade das nanopartículas podem ser influenciadas por alterações na composição atómica, que podem envolver ajustes no número de neutrões e protões.

Este conhecimento detalhado das partículas subatómicas permite aos nanotecnólogos conceber materiais com propriedades específicas, tais como maior condutividade eléctrica, propriedades magnéticas melhoradas ou melhor reatividade química, abrindo uma miríade de aplicações em eletrónica, ciência dos materiais e medicina.

**2. 3 Tabela Periódica**

A Tabela Periódica dos Elementos é uma ferramenta fundamental na química, fornecendo uma disposição sistemática de todos os elementos conhecidos com base nas suas propriedades químicas e estrutura atómica. Serve como uma representação visual que ajuda os cientistas a compreender as tendências e propriedades dos diferentes elementos, auxiliando na previsão de reacções químicas e na descoberta de novos elementos. A tabela periódica está organizada por número atómico e configurações electrónicas. Os elementos são organizados por número atómico crescente, igual ao número de protões no núcleo de um átomo, que também corresponde ao número de electrões num átomo neutro e influencia as propriedades químicas do átomo. A disposição dos electrões em torno do núcleo de um átomo determina a sua configuração eletrónica, influenciando a forma como um elemento reage quimicamente. Os elementos com configurações electrónicas semelhantes são agrupados, conduzindo a comportamentos químicos semelhantes.

A tabela periódica está dividida em períodos e grupos. Os períodos são as linhas da tabela periódica, e os elementos dentro do mesmo período têm electrões que preenchem o mesmo nível de energia principal. Cada novo período representa o início de um novo nível de energia principal. Os grupos são as colunas da tabela periódica e os elementos de um mesmo grupo têm configurações electrónicas de valência semelhantes, o que resulta em propriedades químicas semelhantes. Por exemplo, os metais alcalinos do Grupo 1 são altamente reactivos e têm um único eletrão na sua camada mais externa.

São observadas várias tendências ao longo da tabela periódica. A eletronegatividade, que mede a tendência de um átomo para atrair um par de electrões partilhados, aumenta geralmente ao longo de um período e diminui ao longo de um grupo. O raio atómico, a dimensão de um átomo desde o seu núcleo até à camada mais exterior de electrões, diminui ao longo de um período devido ao aumento da carga nuclear que aproxima os electrões do núcleo e aumenta ao longo de um grupo à medida que são adicionadas camadas adicionais de electrões. A energia de ionização, a energia necessária para remover um eletrão de um átomo, aumenta ao longo de um período e diminui ao longo de um grupo, devido ao aumento da carga nuclear que mantém os electrões mais apertados ao longo de um período e ao aumento da distância ao núcleo nos átomos ao longo de um grupo. Os caracteres metálicos e não metálicos também apresentam tendências distintas: os metais encontram-se tipicamente no lado esquerdo e no centro da tabela periódica, com o carácter metálico a diminuir ao longo de um período da esquerda para a direita e a aumentar ao longo de um grupo, enquanto o carácter não metálico aumenta ao longo de um período e diminui ao longo de um grupo.

Estas tendências são cruciais para os químicos e outros cientistas, uma vez que explicam e prevêem os tipos de reacções químicas a que os elementos são susceptíveis de se submeter, especialmente quando concebem compostos para utilização em várias aplicações industriais, tecnológicas e médicas. Compreender a tabela periódica e as suas tendências não só facilita uma melhor compreensão da teoria química, como também melhora as aplicações práticas, particularmente em áreas como a nanotecnologia, onde a manipulação das propriedades elementares ao nível atómico é fundamental.

## 2. 4 Aplicações em nanotecnologia

A Tabela Periódica é uma ferramenta fundamental no domínio da nanotecnologia, não só para a compreensão da química básica, mas também para a criação de materiais com funcionalidades precisas. Esta aplicação é particularmente importante, uma vez que a nanotecnologia envolve frequentemente a manipulação de materiais à escala atómica ou molecular, o que exige um conhecimento profundo do comportamento e da interação dos diferentes elementos.

**Utilização da Tabela Periódica em Nanotecnologia:**

A seleção de materiais em aplicações nanotecnológicas depende em grande medida das propriedades dos elementos, tal como descritas na tabela periódica. Por exemplo, o silício é normalmente utilizado na indústria de semicondutores devido ao seu intervalo de banda previsível, o que o torna ideal para a nanoelectrónica. A sua posição na tabela periódica explica o seu comportamento semicondutor, que é fundamental para a conceção de transístores e microchips à nanoescala. O ouro, por outro lado, é utilizado em diagnósticos e tratamentos médicos. As nanopartículas de ouro têm propriedades ópticas únicas, como a resistência à oxidação e a capacidade de absorver e dispersar a luz em dimensões nanométricas. Estas propriedades estão diretamente ligadas à sua configuração eletrónica e à sua posição na tabela periódica.

A tabela periódica também ajuda a conceber nanoestruturas com as propriedades desejadas, como a eficiência catalítica ou a condutividade eléctrica. Por exemplo, o grafeno, uma camada única de átomos de carbono numa estrutura hexagonal, apresenta propriedades eléctricas, térmicas e mecânicas notáveis devido à disposição dos seus electrões. Este facto pode ser antecipado pela sua posição na tabela periódica. Os metais de transição e os seus óxidos são utilizados para criar nanopartículas com actividades catalíticas específicas, cruciais em reacções químicas, remediação ambiental e aplicações de conversão de energia. Os seus estados de oxidação variáveis, uma caraterística previsível pelo posicionamento do seu grupo na tabela periódica, facilitam diversas reactividades químicas.

A compreensão de tendências como a eletronegatividade, o tamanho atómico e as energias de ionização ajuda a prever a forma como os diferentes nanomateriais irão interagir com o seu ambiente ou entre si. Isto é crucial em aplicações como a administração de medicamentos, em que as nanopartículas precisam de interagir com precisão com moléculas ou células biológicas. Além disso, os elementos podem ser combinados para formar ligas ou materiais compósitos adaptados a necessidades específicas em nanotecnologia. Por exemplo, as propriedades magnéticas para soluções de armazenamento de dados podem ser optimizadas escolhendo elementos com momentos magnéticos adequados e combinando-os nas proporções correctas.

Estas considerações sublinham a importância da tabela periódica no domínio da nanotecnologia, onde a manipulação das propriedades dos elementos ao nível atómico é fundamental para o avanço da tecnologia e o desenvolvimento de novas aplicações.

**Impacto da tabela periódica na nanotecnologia:**

O papel da tabela periódica na nanotecnologia vai para além da mera referência; serve de modelo para a inovação. Ao fornecer uma forma estruturada de compreender e prever o comportamento dos elementos, permite aos cientistas e engenheiros criar materiais ao nível mais fundamental para aplicações revolucionárias. À medida que a nanotecnologia continua a evoluir, a tabela periódica continua a ser uma ferramenta vital, permitindo avanços na eletrónica, medicina e ciência dos materiais, moldando assim o futuro da tecnologia.

## 2. 5 Ligação química e interacções moleculares

A compreensão das ligações químicas e das interacções moleculares é crucial na nanotecnologia, uma vez que estes factores influenciam significativamente a montagem, a estabilidade e a funcionalidade dos materiais à escala nanométrica. Esta secção apresenta uma visão geral dos diferentes tipos de ligações químicas, a importância da geometria molecular e o papel das forças intermoleculares na nanotecnologia.

### Tipos de ligações químicas

- **Ligações iónicas**: Estas ligações formam-se quando um átomo doa um eletrão a outro, criando iões de carga oposta que se atraem mutuamente. As ligações iónicas são normalmente fortes e ocorrem entre metais e não metais. Por exemplo, o cloreto de sódio (NaCl) é um composto iónico utilizado em sensores à nanoescala devido à sua condutividade eléctrica quando dissolvido.
- **Ligações covalentes**: Nas ligações covalentes, os átomos partilham electrões para obter estabilidade. Estas ligações podem ser simples, duplas ou triplas, dependendo do número de electrões partilhados, e ocorrem entre átomos não metálicos. Materiais covalentes como o diamante ou o grafeno têm aplicações significativas na nanotecnologia; o grafeno, com as suas fortes ligações carbono-carbono, é conhecido pelas suas excepcionais propriedades eléctricas, térmicas e mecânicas.
- **Ligações Metálicas**: As ligações metálicas envolvem a partilha de electrões livres entre uma rede de átomos metálicos. Estas ligações conferem uma elevada condutividade eléctrica e maleabilidade, que são cruciais na nanoelectrónica e na nanofabricação. Por exemplo, as nanopartículas de ouro e prata são utilizadas em aplicações electrónicas devido às suas excelentes propriedades condutoras.

### Geometria molecular

A geometria molecular refere-se à disposição tridimensional dos átomos numa molécula, que afecta as propriedades físicas e químicas:

- **Forma e Reatividade**: A geometria de uma molécula determina a forma como esta interage com outras moléculas. Na nanotecnologia, a forma das estruturas moleculares pode ditar a atividade catalítica e a seletividade. Por exemplo, a forma em V das moléculas de água torna-as polares, influenciando as suas propriedades de solvente que são utilizadas na síntese de nanomateriais.

- **Conceção de nanoestruturas**: A compreensão da geometria molecular permite a conceção de nanoestruturas complexas com funcionalidades específicas, como peneiras moleculares ou sistemas de administração de medicamentos que visam sítios biológicos específicos.

**Forças intermoleculares**

São forças que medeiam a interação entre moléculas, incluindo forças de Van der Waals, ligações de hidrogénio e outras:

- **Forças de Van der Waals**: Estas fracas atracções entre moléculas desempenham um papel importante na auto-montagem de nanomateriais, como na formação de nanotubos ou de películas finas moleculares utilizadas em dispositivos electrónicos.
- **Ligações de hidrogénio**: As ligações de hidrogénio são mais fortes do que as forças de Van der Waals e são cruciais na bio-nanotecnologia. Desempenham um papel fundamental na dobragem e estabilidade das proteínas e nanoestruturas de ADN, que são utilizadas na conceção de biossensores e sistemas de administração de medicamentos.

A compreensão das ligações químicas e das interacções moleculares é fundamental para a manipulação de materiais à nanoescala. Estes conceitos não só ajudam na conceção e síntese de novos nanomateriais com as propriedades desejadas, mas também na previsão do comportamento destes materiais em diferentes condições. Como tal, são parte integrante das inovações em todas as áreas da nanotecnologia, desde os cuidados de saúde à eletrónica e às aplicações ambientais.

## 2. 6 Mecânica Quântica

A mecânica quântica, uma teoria fundamental da física, fornece um quadro abrangente para a compreensão do comportamento das partículas a escalas microscópicas. Influenciou profundamente o domínio da nanotecnologia, nomeadamente através de conceitos como a dualidade onda-partícula, o confinamento quântico e as suas aplicações em áreas como os pontos quânticos.

**Dualidade onda-partícula**

- **Conceito**: A dualidade onda-onda é um princípio fundamental da mecânica quântica, introduzido por Louis de Broglie, que postula que cada partícula ou entidade quântica pode exibir comportamentos tanto de partícula como de onda.

Este princípio é crucial para compreender o comportamento dos electrões e dos fotões, que podem exibir propriedades de partículas (como ter uma posição definida) e de ondas (como a difração).

- **Importância**: Esta dualidade é fundamental para o funcionamento de muitas tecnologias, como os microscópios electrónicos e os dispositivos semicondutores, onde as ondas electrónicas são utilizadas para criar padrões de interferência ou atravessar barreiras potenciais (tunelamento) que seriam impossíveis na física clássica.

**Confinamento Quântico**

- **Conceito**: O confinamento quântico ocorre quando as dimensões de uma partícula ou de uma estrutura são reduzidas à nanoescala, comparável ao comprimento de onda do eletrão. Sob tais restrições, os efeitos quânticos tornam-se predominantes, conduzindo a níveis de energia discretos.
- **Impacto**: O confinamento quântico afecta significativamente as propriedades eléctricas e ópticas dos materiais. Por exemplo, nos nanocristais semicondutores, à medida que o tamanho do cristal diminui, o intervalo de energia aumenta, levando a alterações na absorção ótica e na luminescência. Este facto é utilizado para adaptar os materiais a propriedades ópticas específicas com base na sua dimensão, o que não é possível com materiais a granel.

**Aplicações em pontos quânticos**

- **Pontos Quânticos**: Os pontos quânticos são minúsculas partículas semicondutoras com alguns nanómetros de tamanho, com propriedades ópticas e electrónicas que diferem das partículas maiores devido à mecânica quântica. Podem emitir luz de várias cores com base no seu tamanho devido ao confinamento quântico.
- **Imagiologia**: Na imagiologia médica, os pontos quânticos são utilizados pela sua luminescência brilhante e fotoestabilidade, o que os torna excelentes fluoróforos para aplicações de imagiologia. As suas propriedades de emissão de luz ajustáveis em termos de tamanho permitem a deteção simultânea de múltiplos alvos biológicos.
- **Eletrónica**: Os pontos quânticos são também utilizados em aplicações electrónicas, como os ecrãs de pontos quânticos, que oferecem cores vibrantes e

eficiência energética. As propriedades electrónicas únicas dos pontos quânticos tornam-nos adequados para utilização em transístores, células solares, LEDs e lasers.

A mecânica quântica não só melhora a nossa compreensão do universo às escalas mais pequenas, como também permite o desenvolvimento de novas tecnologias e materiais com propriedades personalizadas. A manipulação de efeitos quânticos em materiais como os pontos quânticos ilustra a forma como os princípios da mecânica quântica estão a ser aproveitados para alargar os limites do que é tecnologicamente possível, particularmente na nanotecnologia. Esta sinergia entre a mecânica quântica e a ciência dos materiais está a impulsionar inovações em vários domínios, desde os cuidados de saúde às energias renováveis.

## 2. 7 Termodinâmica e cinética à nanoescala

A nanotecnologia envolve frequentemente a manipulação de materiais em que a termodinâmica e a cinética clássicas apresentam características únicas devido à escala de funcionamento. A compreensão destes princípios à nanoescala é crucial para a conceção de dispositivos, materiais e sistemas eficientes à nanoescala.

### Princípios da Termodinâmica

- **Leis básicas da termodinâmica**: Estas leis continuam a aplicar-se à nanoescala, mas as suas manifestações podem ser bastante diferentes:
  - **Primeira Lei (Conservação da Energia)**: Na nanoescala, a quantização da energia torna-se significativa, e a conservação da energia deve considerar estados de energia quantizados.
  - **Segunda Lei (Entropia)**: Os sistemas tendem a aumentar a sua entropia. À nanoescala, os átomos da superfície, que são menos coordenados do que os átomos da massa, contribuem desproporcionadamente para a entropia do sistema, afectando as propriedades e o comportamento do material.
  - **Terceira Lei (Zero Absoluto)**: À medida que a temperatura se aproxima do zero absoluto, a entropia de um cristal perfeito aproxima-se de zero. À nanoescala, a definição de uma estrutura "perfeita" pode variar, afectando significativamente as propriedades térmicas.
- **Transformações de energia**: Os sistemas à nanoescala apresentam frequentemente efeitos quânticos significativos nas suas transformações

energéticas, o que pode alterar o seu comportamento termodinâmico em comparação com os materiais a granel. Por exemplo, a capacidade térmica específica das nanopartículas pode ser muito diferente da dos materiais a granel.

**Cinética**

- **Taxa de reacções químicas**: À nanoescala, a relação superfície/volume é muito maior, o que pode levar a um aumento das taxas de reação. O comportamento cinético das nanopartículas pode ser dominado pelos átomos da superfície, que são mais reactivos do que os do interior.
- **Impacto do tamanho da partícula e da área de superfície**: As partículas mais pequenas têm uma área de superfície mais elevada em relação ao seu volume, proporcionando mais locais activos para as reacções. Isto pode melhorar a cinética da reação, tornando as nanopartículas excelentes catalisadores.

**Catalisadores nanoestruturados**

- **Alteração das vias de reação**: Os materiais nanoestruturados podem proporcionar novas vias para as reacções químicas, oferecendo sítios de superfície únicos com propriedades catalíticas distintas. Por exemplo, as nanopartículas podem facilitar as reacções ao proporcionar vias mais eficientes para a junção dos reagentes, reduzindo as barreiras energéticas.
- **Perfis de energia**: Os nanocatalisadores podem alterar o perfil energético de uma reação. Podem reduzir a energia de ativação necessária para uma reação, o que não só acelera a reação como também permite que esta decorra a temperaturas mais baixas.
- **Conceção e aplicação**: Os catalisadores, como as nanopartículas de ouro e paládio, são utilizados numa grande variedade de processos químicos, desde a síntese orgânica até aos sistemas de controlo dos gases de escape dos automóveis, devido às suas propriedades catalíticas melhoradas. A capacidade de adaptar o tamanho, a forma e a composição dos catalisadores nanoestruturados permite a otimização da sua atividade e seletividade.

A compreensão dos princípios da termodinâmica e da cinética à nanoescala é essencial para a conceção racional de nanomateriais e nanodispositivos. Permite aos cientistas e engenheiros explorar as propriedades únicas dos sistemas à escala nanométrica para aplicações no armazenamento de energia, no fabrico de produtos químicos e na proteção do ambiente, entre outras. Estes conhecimentos são essenciais para fazer avançar o domínio da nanotecnologia e melhorar o desempenho e a eficiência dos sistemas à escala nanométrica.

## 2. 8 Química de superfícies

A química de superfície desempenha um papel crucial à escala nanométrica, onde as propriedades dos materiais podem ser significativamente diferentes das dos seus homólogos a granel devido ao aumento da área de superfície em relação ao volume. Esta secção aborda os conceitos de energia de superfície, adsorção e reacções de superfície, que são vitais para compreender o comportamento dos nanomateriais em várias aplicações.

### Energia de superfície

- **Conceito**: A energia de superfície é o excesso de energia na superfície de um material em comparação com o seu interior. Os átomos da superfície não estão tão ligados como os do interior do material, o que leva a estados de energia potencial mais elevados.
- **Significado à nanoescala**: Nos nanomateriais, a elevada relação superfície/volume significa que uma fração significativa de átomos está localizada à superfície, tornando a energia de superfície um fator dominante. Uma elevada energia de superfície pode levar a uma maior reatividade e instabilidade, o que pode ser vantajoso ou prejudicial, dependendo da aplicação.
- **Impacto na estabilidade e reatividade**: Uma energia de superfície elevada conduz frequentemente a processos como a agregação ou a sinterização, em que as partículas tendem a fundir-se para reduzir a área de superfície global, diminuindo assim a energia do sistema. Esta caraterística é crucial para a síntese de nanomateriais estáveis com as propriedades e funcionalidades desejadas.

### Adsorção e reacções de superfície

- **Adsorção**: Este é o processo pelo qual átomos, iões ou moléculas de um gás, líquido ou sólido dissolvido aderem a uma superfície. Este processo cria uma película do adsorvato na superfície do adsorvente.
- **Mecanismos de adsorção**:
  - o **Fisissorção**: Envolve forças fracas de Van der Waals; tipicamente reversível. o **Quimisorção**: Envolve a formação de ligações químicas fortes;

geralmente irreversível e significativa para reacções catalíticas.

- **Implicações para a catálise**: A adsorção é um passo crítico na catálise, uma vez que os reagentes devem primeiro ser adsorvidos na superfície do catalisador onde a reação ocorre. As propriedades da superfície do catalisador, influenciadas pelo seu material e estrutura, determinam a sua eficácia na facilitação de reacções químicas.
- **Conceção de sensores**: As propriedades de adsorção da superfície são também exploradas na conceção de sensores. Os nanomateriais com áreas de superfície elevadas podem fornecer mais locais de ligação para moléculas alvo, aumentando a sensibilidade e a seletividade dos sensores. Isto é particularmente útil em aplicações como a monitorização ambiental e o diagnóstico médico.

**Aplicações em tecnologia**

- **Catálise**: Os catalisadores nanoestruturados, como as nanopartículas de platina utilizadas nas células de combustível, baseiam-se na sua elevada área de superfície e nas características adequadas de energia de superfície para aumentar as taxas de reação e a eficiência.
- **Conceção de sensores**: O aumento da área de superfície e da reatividade dos nanomateriais torna-os ideais para a deteção de pequenas quantidades de substâncias, como é necessário em biossensores e sensores químicos.

Compreender a química das superfícies é essencial para manipular e otimizar as interacções dos nanomateriais com o seu ambiente. Permite aos cientistas conceber materiais com propriedades de superfície específicas, abrindo vastas possibilidades de inovação em domínios que vão da catálise industrial à biomedicina. A capacidade de controlar fenómenos de superfície como a energia, a adsorção e as reacções é fundamental para desenvolver novas tecnologias e melhorar as existentes à nanoescala.

## 2. 9 Resumo

Este capítulo explora os princípios fundamentais da física e da química que estão na base da nanotecnologia. Abrange a estrutura atómica, as ligações químicas, as interacções de superfície, a mecânica quântica e a termodinâmica à nanoescala. Os átomos, incluindo protões, neutrões e electrões, contribuem para as propriedades e o comportamento dos elementos. A compreensão destes princípios é crucial para a conceção de novos materiais e para a manipulação das propriedades dos materiais. As interacções de superfície, como a adsorção e a energia de superfície, são também importantes na nanotecnologia. Os princípios da mecânica quântica, como a dualidade onda-partícula e o confinamento quântico, afectam partículas como os electrões nos nanomateriais. A termodinâmica e a cinética à nanoescala são cruciais para a conceção de sistemas eficientes à nanoescala. A compreensão destes princípios permite aos cientistas e engenheiros conceber e sintetizar novos materiais, melhorar as tecnologias existentes e desenvolver novas ferramentas nanotecnológicas. Esta viagem promete um futuro rico em descobertas científicas e avanços tecnológicos.

## 2. 10 Questões e problemas de revisão

### 2. 10. 1 Perguntas de revisão

1. **Estrutura atómica**: Descrever a estrutura de um átomo. Como é que os protões, os neutrões e os electrões contribuem para as propriedades de um elemento?
2. **Tabela periódica**: Explicar como a tabela periódica organiza os elementos e discutir como essa organização ajuda a prever as propriedades e os comportamentos dos elementos.
3. **Ligação química**: Comparar e contrastar ligações iónicas, covalentes e metálicas. Dar um exemplo de um material que utilize cada tipo de ligação e explicar porque é que é ideal para essa aplicação.
4. **Mecânica Quântica**: O que é a dualidade onda-partícula? Dê um exemplo de como este princípio se aplica a dispositivos electrónicos.
5. **Química de Superfícies**: Como é que a energia de superfície influencia a reatividade das nanopartículas? Discuta esta questão no contexto da conceção de catalisadores.

### 2. 10. 2 Problemas

1. **Conceção da aplicação**: Imagine que está a conceber um sistema de administração de medicamentos baseado em nanopartículas. Discuta a forma como utilizaria os conceitos de ligação química e geometria molecular para garantir que o fármaco é efetivamente entregue às células alvo.
2. **Seleção de materiais**: Escolher um material para utilizar num painel solar de elevada eficiência. Explique a sua escolha com base na posição do elemento na tabela periódica e nas suas propriedades electrónicas.
3. **Proposta tecnológica**: Proponha uma nova utilização para os pontos quânticos

numa aplicação tecnológica que não seja a imagiologia ou a eletrónica. Descreva de que forma as propriedades mecânicas quânticas dos pontos os tornam adequados para esta aplicação.

4. **Desenvolvimento de protocolos de segurança**: Desenvolver um protocolo de segurança para o manuseamento de nanomateriais reactivos em ambiente laboratorial. Incluir considerações sobre reacções químicas, potenciais libertações de energia e a importância da química da superfície.
5. **Estratégia de envolvimento do público**: Conceba uma estratégia de envolvimento do público para educar uma comunidade sobre os benefícios e riscos da nanotecnologia. Pense na forma como abordaria os equívocos comuns e promoveria uma compreensão equilibrada.

# Capítulo 3 : Síntese e fabrico de nanomateriais

A nanotecnologia gira significativamente em torno da capacidade de conceber e criar materiais à nanoescala com precisão. A síntese e o fabrico de nanomateriais envolvem várias técnicas que permitem aos cientistas e engenheiros manipular a matéria a nível atómico ou molecular para produzir novos materiais com propriedades inovadoras. Esta secção explora os principais métodos utilizados na síntese e no fabrico de nanomateriais, destacando as suas aplicações e importância em diferentes domínios.

## 3.1 Métodos de síntese de nanomateriais

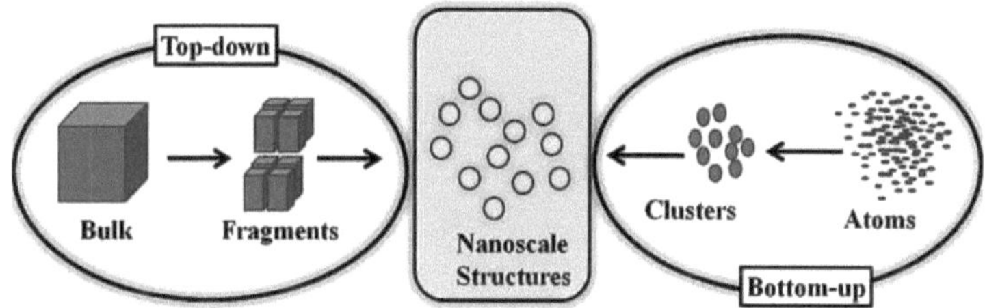


Figura 3.1 Abordagem top-down e bottom-up para a síntese de nanomateriais.

**3.1.1 Abordagens Top-Down**: as abordagens op-down na síntese de nanomateriais envolvem começar com um material a granel e subsequentemente reduzi-lo à nanoescala, normalmente através de meios físicos. Este método permite um controlo preciso do tamanho e da forma dos nanomateriais resultantes, tornando-o essencial para várias aplicações tecnológicas, especialmente em microeletrónica e ciência dos materiais. Aqui, exploramos duas técnicas topdown proeminentes: litografia e fresagem de esferas.

**3.1.1.1 Litografia**: A litografia baseia-se no princípio da modelação de um substrato através da transferência de um desenho geométrico de uma máscara para a superfície do substrato. Isto é conseguido através de uma série de passos que envolvem o revestimento do substrato com um material sensível à luz chamado fotorresiste, a exposição do fotorresiste à luz ou a outra radiação para criar um padrão e, em seguida, o desenvolvimento do padrão para revelar o substrato subjacente. A litografia é uma técnica originalmente desenvolvida para a indústria microeletrónica que envolve a transferência de padrões geométricos de uma máscara para a superfície de um substrato. Isto é conseguido através de vários métodos, incluindo a fotolitografia, a litografia por feixe de electrões e a litografia por nanoimpressão. O processo envolve normalmente o revestimento de um substrato com um produto químico sensível à luz, denominado fotorresistente. O substrato é então exposto à luz (ou a outra fonte de energia, como electrões ou iões), em que a fonte de energia altera a solubilidade do fotorresistente.

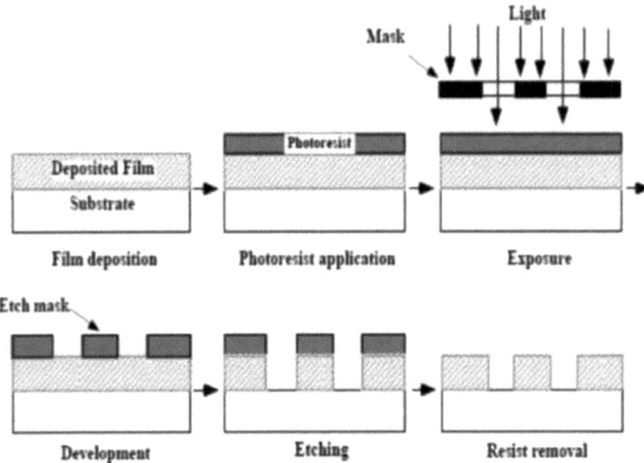


Figura 3.2 Um único processo de mascaramento da litografia.

As regiões expostas ou não expostas são então reveladas, lavando o fotorresistente solúvel e deixando um revestimento modelado. A litografia é crucial para o fabrico de circuitos integrados e de sistemas nano-electromecânicos (NEMS). Permite a construção de estruturas altamente complexas à escala nanométrica, necessárias para o empacotamento denso dos transístores nos chips e para os componentes mecânicos dos NEMS, que funcionam a nível molecular.

**3.1.1.2 Moagem de bolas:** A moagem de bolas é um processo mecânico que se baseia no princípio do atrito mecânico para reduzir o tamanho das partículas. Envolve o impacto e a fricção repetidos entre o material a ser moído e o meio de moagem (geralmente bolas), resultando na quebra de partículas maiores em partículas mais pequenas. A energia mecânica transmitida pelas esferas rotativas induz a fratura e a soldadura a frio, conduzindo, em última análise, à formação de partículas finas ou nanopartículas. A moagem de bolas é uma técnica de atrito mecânico que envolve a utilização de um recipiente rotativo cheio de meios de moagem, tais como bolas de aço ou de cerâmica, e o material a moer. Os materiais são triturados e moídos em pós finos à medida que as bolas colidem com o material e entre si. Este método pode ser realizado em diferentes ambientes (atmosfera inerte, ar ou solvente) para evitar a contaminação e controlar a química das nanopartículas moídas.

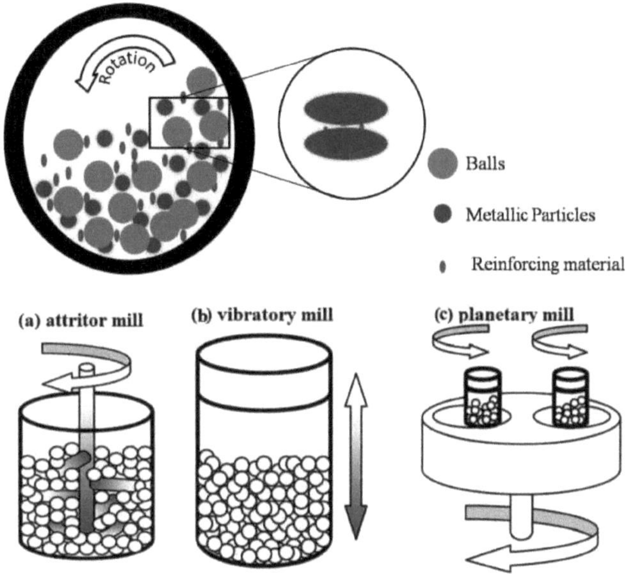


Figura 3.3 Processo de moagem de bolas.

Esta técnica é utilizada para produzir nanopartículas a partir de uma vasta gama de materiais, incluindo metais, cerâmicas e polímeros. Devido à sua simplicidade e capacidade de aumento de escala, a moagem de bolas é particularmente valiosa para o fabrico de grandes quantidades de nanomateriais. É habitualmente utilizada na metalurgia do pó e na produção de cimento, e está a ganhar popularidade na síntese de materiais cerâmicos e compósitos avançados, em que o tamanho e a uniformidade específicos das partículas são cruciais para as propriedades desejadas.

Tanto a litografia como a trituração de esferas exemplificam a abordagem descendente na síntese de nanomateriais, desempenhando cada uma delas papéis distintos, mas frequentemente complementares, no domínio da nanotecnologia. A litografia é excelente na modelação de padrões para aplicações electrónicas, enquanto a moagem de bolas é versátil para a produção de nanopartículas a granel em diferentes classes de materiais. Em conjunto, estas metodologias sublinham a precisão e a adaptabilidade necessárias para fazer avançar a tecnologia à nanoescala.

**3.1.2 Abordagens bottom-up**: As abordagens ascendentes à síntese de nanomateriais envolvem a montagem de materiais átomo a átomo ou molécula a molécula. Estes métodos oferecem um controlo requintado sobre a composição e a estrutura dos nanomateriais resultantes, permitindo a criação de nanoestruturas complexas com funcionalidades específicas. Aqui, aprofundamos três técnicas fundamentais de baixo para cima: Deposição Química em Vapor (CVD), processos Sol-Gel e auto-montagem.

**3.1.2.1 Deposição química de vapor (CVD)**: A deposição química em fase vapor (CVD) é um processo utilizado para produzir materiais sólidos de elevada pureza e elevado desempenho, depositando um material sólido a partir de uma fase de vapor num substrato através de reacções químicas. Este método é amplamente utilizado para revestir superfícies, produzir películas finas e fabricar nanomateriais. O princípio fundamental da CVD é que os precursores em fase gasosa reagem ou se decompõem na superfície de um substrato para formar uma película sólida, enquanto os subprodutos são removidos por fluxo de gás.

Nos métodos experimentais de CVD, a configuração envolve uma câmara de reação onde é colocado o substrato, concebida para manter um controlo preciso da temperatura, da pressão e do fluxo de gás. Um sistema de fornecimento de gás, que inclui normalmente controladores de fluxo de massa, regula os caudais de vários gases na câmara. O substrato é frequentemente aquecido a uma temperatura elevada para facilitar as reacções químicas, utilizando elementos de aquecimento resistivos, aquecimento indutivo ou lâmpadas de infravermelhos. Um sistema de bomba de vácuo controla a pressão no interior da câmara de reação e remove os subprodutos e os gases que não reagiram.

A preparação do substrato começa com uma limpeza completa para remover quaisquer contaminantes que possam interferir com o processo de deposição. O substrato limpo é então colocado na câmara de reação num suporte que permite um aquecimento uniforme. Os precursores gasosos, compostos que contêm os elementos necessários para formar a película sólida desejada, são introduzidos na câmara, com caudais controlados com precisão para garantir um fornecimento consistente à superfície do substrato.

Durante a fase de reação química e deposição, o substrato é aquecido a uma temperatura em que os precursores se decompõem ou reagem na sua superfície, formando uma película sólida. As reacções podem ser térmicas (impulsionadas pelo calor), impulsionadas por plasma (utilizando plasma para aumentar as taxas de reação) ou fotónicas (utilizando luz para impulsionar as reacções). O material sólido deposita-se na superfície do substrato, formando uma película fina camada a camada, enquanto os subprodutos gasosos são evacuados da câmara.

O controlo do processo envolve a monitorização e o controlo contínuos da temperatura e da pressão dentro da câmara de reação para otimizar a taxa de deposição e as propriedades do material. A taxa de deposição é controlada para atingir a espessura e uniformidade desejadas da película. O tratamento pós-deposição, como o recozimento, pode ser necessário para melhorar a cristalinidade da película, reduzir defeitos ou melhorar propriedades específicas do material. A película resultante é caracterizada utilizando várias técnicas analíticas para determinar a sua espessura, composição, cristalinidade e outras propriedades relevantes.

Existem diferentes tipos de CVD, incluindo a CVD térmica, que utiliza temperaturas elevadas para induzir reacções químicas de precursores gasosos; a CVD com plasma (PECVD), que utiliza o plasma para aumentar as taxas de reação a temperaturas mais baixas, permitindo a deposição de películas em substratos sensíveis à temperatura; e a CVD metal-orgânica (MOCVD), que utiliza compostos metal-orgânicos como precursores, particularmente úteis para a deposição de semicondutores compostos.

A CVD é crucial para a deposição de películas finas em circuitos integrados, semicondutores compostos e revestimentos ópticos. Deposita camadas de elevada refletividade para dispositivos ópticos de alta precisão e fornece revestimentos duros para proteção de superfícies e revestimentos de barreira térmica para componentes de alta temperatura. Além disso, a CVD produz fibras ópticas como sílica de alta pureza e fibras de carbono para aplicações de telecomunicações, aeroespaciais e industriais. A deposição química em fase vapor (CVD) é uma técnica versátil e amplamente utilizada para a deposição de películas finas e revestimentos de alta qualidade. Funciona com base no princípio das reacções químicas entre precursores em fase gasosa e um substrato aquecido, resultando na formação de uma película sólida. O método experimental envolve um controlo cuidadoso dos parâmetros do processo, como a temperatura, a pressão e o fluxo de gás, para obter as propriedades desejadas do material. A CVD é essencial em várias indústrias, incluindo a dos semicondutores, ótica, revestimentos protectores, produção de fibras e catálise, destacando a sua importância na tecnologia moderna.

**3.1.2.2 Processos Sol-Gel**: O processo sol-gel é uma técnica de síntese química versátil utilizada para produzir materiais sólidos a partir de pequenas moléculas. Envolve a transição de um sistema de um "sol" líquido (uma suspensão coloidal de partículas) para uma fase de "gel" sólido. Este método é particularmente eficaz para criar materiais cerâmicos e de vidro a baixas temperaturas. O processo permite a criação de materiais com elevada pureza e homogeneidade, tornando-o ideal para várias aplicações em ótica, catálise e engenharia biomédica.

Os métodos experimentais dos processos sol-gel começam com a preparação do sol, que envolve a seleção de precursores químicos adequados, normalmente alcóxidos metálicos como o tetraetilortosilicato (TEOS) ou cloretos metálicos. Estes precursores são dissolvidos num solvente, geralmente álcool, para formar uma solução homogénea. A água é então adicionada à solução, frequentemente com um catalisador ácido ou básico para promover as reacções de hidrólise e condensação.

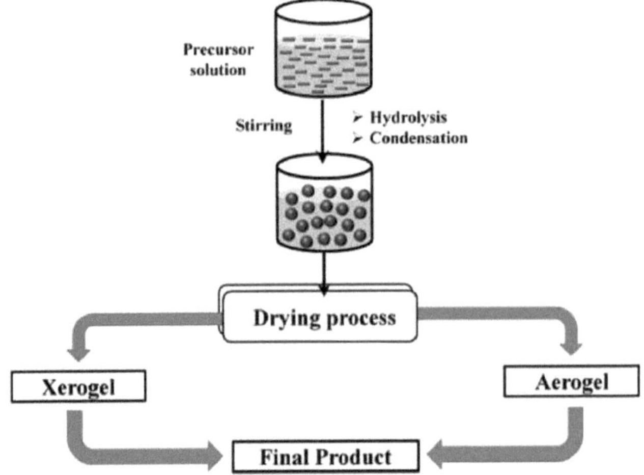


Figura 3.4 Ilustração esquemática do processo sol-gel.

(https://doi.org/10.1016/S1872-2067(12)60588-9).

Durante a hidrólise, o alcóxido metálico reage com a água para formar hidróxidos metálicos, e as reacções de condensação entre grupos hidroxilo levam à formação de ligações metal-oxigénio-metal (M-O-M), resultando numa suspensão coloidal (sol). O sol sofre mais reacções de policondensação, levando à formação de uma rede tridimensional que aprisiona o componente líquido, passando de um estado líquido para um estado semelhante a um gel, num processo conhecido como gelificação. Permite-se que o gel envelheça, fortalecendo e densificando a rede à medida que ocorrem mais reacções de condensação e a estrutura do gel se torna mais rígida.

A secagem do gel envolve a remoção do solvente, resultando num material sólido poroso. O processo de secagem pode ser controlado para produzir diferentes tipos de géis: xerogel, formado por secagem evaporativa à pressão atmosférica, resultando num encolhimento significativo e numa porosidade reduzida, ou aerogel, formado por secagem em condições supercríticas para evitar o colapso da estrutura do gel, resultando num material altamente poroso e leve. O gel seco (xerogel ou aerogel) é então submetido a um tratamento térmico, como a calcinação ou a sinterização, para remover quaisquer resíduos orgânicos remanescentes e melhorar a resistência mecânica e a estabilidade térmica do material. Este tratamento térmico pode também induzir transformações de fase para obter a estrutura cristalina desejada.

As aplicações dos processos sol-gel são diversas. São utilizados no fabrico de componentes ópticos de elevada pureza, como lentes e espelhos, e no melhoramento das propriedades ópticas do vidro e de outros substratos. Os processos sol-gel também produzem materiais de elevada área superficial para reacções químicas e aplicações ambientais, e conferem resistência à corrosão e propriedades hidrofóbicas a metais e ligas. Em aplicações biomédicas, o vidro bioativo derivado do processo sol-gel é utilizado em implantes dentários e ortopédicos, na libertação controlada de medicamentos e na produção de nanopartículas e nanocompósitos. O processo sol-gel é uma técnica poderosa para a produção de materiais homogéneos de elevada pureza, com aplicações em vários domínios, incluindo a ótica, a catálise, os revestimentos e a engenharia biomédica. Embora o processo sol-gel ofereça vantagens significativas em termos de síntese a baixa temperatura e de versatilidade dos materiais, é necessário enfrentar desafios como a retração, a fissuração e o controlo microestrutural para otimizar o desempenho dos materiais resultantes.

**3.1.2.3 Auto-montagem**: A auto-montagem é um processo pelo qual as moléculas se organizam espontaneamente em estruturas estáveis e bem definidas sem orientação externa. Esta abordagem ascendente da nanotecnologia aproveita as propriedades inerentes das moléculas para formar agregados ordenados através de interacções não covalentes, tais como ligações de hidrogénio, forças de van der Waals, interacções electrostáticas e interacções $\pi$-$\pi$. A auto-montagem é fundamental tanto em sistemas naturais (como a formação de membranas celulares) como em sistemas sintéticos, proporcionando uma via para a construção de estruturas complexas a partir de componentes simples.

Os métodos experimentais de auto-montagem começam com a conceção molecular, em que são seleccionados blocos de construção adequados (pequenas moléculas, macromoléculas ou nanopartículas). Estes blocos de construção são funcionalizados com grupos que podem formar interacções não covalentes, assegurando interacções direccionais e específicas para uma montagem previsível e reprodutível. A preparação da solução envolve a escolha de um solvente adequado que apoie o processo de auto-montagem sem interferir com as interacções entre os blocos de construção. Os blocos de construção são então dissolvidos no solvente a uma concentração que promove a interação sem causar agregação ou precipitação. As condições de montagem, como a temperatura, o pH e a força iónica, são ajustadas para otimizar o processo. Permite-se que as moléculas ou nanopartículas se organizem espontaneamente nas estruturas desejadas, facilitando a agitação suave ou permitindo que a solução permaneça inalterada. Técnicas de caraterização como a microscopia de força atómica (AFM), a microscopia eletrónica de transmissão (TEM), a microscopia eletrónica de varrimento (SEM), a espetroscopia de ressonância magnética nuclear (RMN), a espetroscopia de infravermelhos (IR), a difração de raios X (XRD) e a dispersão dinâmica da luz (DLS) são utilizadas para visualizar as estruturas montadas e analisar a sua composição química e ordem estrutural. A otimização e os testes funcionais envolvem o ajuste das condições de montagem e das concentrações dos blocos de construção para melhorar a qualidade e a funcionalidade das estruturas automontadas, avaliando propriedades como a resistência mecânica, as propriedades ópticas, a condutividade eléctrica ou a atividade biológica.

Os tipos de auto-montagem incluem a auto-montagem molecular, a auto-montagem supramolecular e a auto-montagem coloidal. A auto-montagem molecular envolve moléculas anfifílicas que formam micelas e vesículas em soluções aquosas, e monocamadas auto-montadas (SAMs) que formam camadas únicas em superfícies para modificar as propriedades da superfície. A auto-montagem supramolecular envolve moléculas maiores que formam nanofibras e nanotubos através de ligações de hidrogénio e empilhamento $\pi$-$\pi$, e redes bi ou tridimensionais através de interacções supramoleculares, úteis em catálise, deteção e ciência dos materiais. A auto-montagem coloidal envolve partículas que formam cristais coloidais com propriedades ópticas únicas e emulsões e géis com porosidade e propriedades mecânicas controladas, aplicáveis em ciências alimentares, produtos farmacêuticos e cosméticos.

A auto-montagem encontra aplicações na nanotecnologia, engenharia biomédica, ciência dos materiais e fotónica. É utilizada para fabricar dispositivos e sistemas à escala nanométrica, como a eletrónica molecular, sensores e sistemas de administração de medicamentos, e serve de modelo para técnicas de nanopadronização, permitindo o fabrico de nanoestruturas complexas. Na engenharia biomédica, os andaimes automontados promovem o crescimento e a diferenciação celular na engenharia de tecidos e as nanopartículas e micelas automontadas melhoram a administração de medicamentos, melhorando a eficácia do tratamento e reduzindo os efeitos secundários. Na ciência dos materiais, a auto-montagem é utilizada para modificar as propriedades da superfície e criar materiais inteligentes, enquanto na fotónica permite a criação de dispositivos com propriedades ópticas únicas. A auto-montagem é uma poderosa abordagem ascendente para a criação de nanoestruturas complexas através da organização espontânea de moléculas ou nanopartículas, oferecendo vantagens significativas em termos de precisão, rentabilidade e versatilidade. No entanto, é necessário enfrentar os desafios relacionados com o controlo, a sensibilidade ambiental e a reprodutibilidade para concretizar plenamente o potencial dos materiais auto-montados.

### 3.2 Técnicas de fabrico

As técnicas de fabrico nanotecnológico são fundamentais para a criação de materiais e estruturas com precisão nanométrica. Estes métodos permitem o desenvolvimento de aplicações inovadoras em vários domínios, da eletrónica à biomedicina. Aqui, discutimos três técnicas avançadas de fabrico: electrospinning, nanolitografia e deposição de camadas atómicas (ALD).

A electrofiação é uma técnica de fabrico versátil e poderosa, utilizada para produzir fibras ultrafinas com diâmetros que variam entre os nanómetros e alguns microns. Este método utiliza forças eléctricas para esticar uma gota de uma solução de polímero ou de um material fundido em fibras contínuas, que são depois recolhidas num substrato. A electrospinning destaca-se pela sua simplicidade, eficiência e capacidade de produzir fibras com elevados rácios de área de superfície/volume, tornando-a ideal para uma gama de aplicações em vários campos. O processo começa com a preparação de uma solução ou fusão de polímero, dissolvendo o polímero num solvente adequado para obter a viscosidade, condutividade e tensão superficial desejadas, necessárias para uma formação de fibras bem sucedida. A solução é colocada numa seringa equipada com uma agulha ou bocal metálico, ligada a uma fonte de alimentação de alta tensão e posicionada em frente a um coletor ligado à terra, que pode ser uma placa metálica, um tambor rotativo ou uma estrutura de arame. Quando é aplicada uma alta tensão, a solução de polímero na ponta da agulha fica carregada, formando um cone de Taylor. O campo elétrico entre a agulha e o coletor induz uma força na gotícula de líquido na ponta, ultrapassando a sua tensão superficial e formando um jato de solução de polímero. Este jato sofre estiramento e evaporação do solvente ou arrefecimento (para os fundidos), alongando-se e solidificando-se em fibras finas. As fibras são recolhidas no substrato, formando um tecido não tecido ou estruturas alinhadas, dependendo do movimento e da conceção do coletor. As fibras electrospun podem imitar a matriz extracelular, fornecendo suporte para a fixação, proliferação e diferenciação das células, o que as torna ideais para o fabrico de suportes na engenharia de tecidos. A sua elevada área de superfície e a capacidade de controlar o tamanho dos poros tornam as fibras electrospun excelentes para utilização em sistemas de filtragem de ar e de líquidos, aumentando a eficiência na captura de partículas. A natureza porosa e a capacidade de incorporar compostos bioactivos tornam as fibras electrospun adequadas para pensos avançados para feridas, promovendo a cicatrização e prevenindo infecções. As fibras electrospun podem também encapsular fármacos, oferecendo propriedades de libertação controlada, o que é particularmente útil na criação de sistemas de libertação sustentada de fármacos. Além disso, as fibras electrospun podem ser utilizadas para criar tecidos respiráveis e protectores, úteis no vestuário de proteção contra riscos químicos e biológicos. A versatilidade da electrospinning permite a compatibilidade com uma vasta gama de polímeros e a incorporação de nanopartículas, cerâmicas ou agentes terapêuticos nas fibras. Também permite um controlo preciso do diâmetro, orientação e composição das fibras, adaptando os materiais a necessidades específicas, e pode ser aumentado do laboratório para a produção industrial, embora desafios como a uniformidade e a taxa de produção exijam otimização. No entanto, a manutenção de uma qualidade e uniformidade consistentes das fibras pode ser um desafio, especialmente em escalas maiores, e o manuseamento e recuperação de solventes orgânicos pode ser problemático, tanto do ponto de vista ambiental como económico.

Nem todos os materiais podem ser facilmente electrospun, e alguns requerem modificações ou condições específicas para atingir as propriedades desejadas. De um modo geral, a electrofiação é uma técnica altamente adaptável que desempenha um papel crucial na nanotecnologia e na ciência dos materiais, permitindo o desenvolvimento de soluções inovadoras nos domínios dos cuidados de saúde, da engenharia ambiental e outros. A sua capacidade de produzir nanofibras com funcionalidades adaptadas oferece um imenso potencial para futuros avanços numa variedade de aplicações.

A nanolitografia é um ramo crítico da litografia utilizado extensivamente nos domínios do microfabrico e da nanotecnologia para modelar materiais à escala nanométrica. Esta técnica desempenha um papel fundamental no desenvolvimento de circuitos de semicondutores, dispositivos à escala nanométrica e superfícies estruturadas. Entre as várias técnicas de nanolitografia, a litografia por feixe de electrões (EBL) destaca-se pela sua capacidade de escrever diretamente características extremamente finas sem necessidade de uma máscara física. A EBL utiliza um feixe focalizado de electrões para induzir alterações numa resistência revestida num substrato. Ao contrário da fotolitografia, que utiliza luz para expor o fotorresiste, a EBL utiliza electrões que proporcionam uma resolução muito mais elevada devido aos seus comprimentos de onda mais curtos. Um sistema de litografia por feixe de electrões é constituído por uma fonte de electrões, lentes de focagem, uma plataforma para um movimento preciso da amostra e um sistema informático para controlar o processo de modelação. O substrato é revestido com uma resistência sensível aos electrões e o feixe de electrões é então focado e rasterizado ou modelado de acordo com desenhos CAD sobre a resistência. A interação dos electrões com a resistência altera a sua solubilidade, permitindo a remoção selectiva por uma solução reveladora, transferindo assim o padrão do desenho CAD para o substrato. A principal vantagem da EBL é a escrita direta, em que os padrões são criados diretamente na resistência sem a utilização de uma máscara, permitindo uma prototipagem rápida e modificações no desenho. A litografia por feixe de electrões pode atingir resoluções inferiores a 10 nanómetros, o que a torna uma das técnicas litográficas mais precisas disponíveis. A EBL é utilizada para criar os padrões extremamente pequenos e complexos necessários nos circuitos integrados e microprocessadores modernos, sendo essencial para o desenvolvimento de dispositivos electrónicos da próxima geração que funcionem à escala quântica ou molecular. É também utilizada para fabricar materiais nanoestruturados que controlam a luz a escalas de sub-comprimento de onda, essenciais para dispositivos ópticos como guias de ondas, grelhas e cristais fotónicos, e para modelar superfícies para interagir com moléculas biológicas, tornando-a útil para aplicações de biossensores. A EBL oferece alta resolução, capaz de modelar características à nanoescala com elevada precisão, essencial para dispositivos electrónicos e ópticos avançados. A sua capacidade de escrita direta permite uma personalização fácil e iterações de design rápidas, ideais para ambientes de investigação e desenvolvimento, e o processo sem máscara elimina o custo e o tempo associados ao fabrico de máscaras. No entanto, a principal limitação da EBL é a sua baixa velocidade de processamento, uma vez que cada padrão tem de ser escrito em série, o que consome muito tempo em comparação com outras técnicas litográficas que podem trabalhar simultaneamente em grandes áreas. Os elevados custos de funcionamento e de equipamento devido à complexidade dos sistemas e à necessidade de um ambiente de vácuo, bem como a exigência de condições de funcionamento extremamente estáveis para evitar distorções nos padrões devidas a vibrações, expansões térmicas ou interferências electromagnéticas, também constituem desafios. Os avanços em curso na EBL têm como objetivo aumentar o rendimento e reduzir os custos, tornando-a mais viável para a produção em grande escala. Além disso, a integração da EBL com outras técnicas de nanofabricação, como a litografia por nanoimpressão ou a automontagem, é uma área de interesse para ultrapassar as actuais limitações e abrir novas aplicações em nanotecnologia. A nanolitografia, especialmente a litografia por feixe de electrões, continua a ser uma tecnologia fundamental no domínio do nanofabrico, impulsionando o progresso em várias indústrias de alta tecnologia ao permitir o desenvolvimento de dispositivos cada vez mais pequenos e mais complexos.

**3.3 Deposição de camadas atómicas (ALD)**: A deposição de camadas atómicas (ALD) é uma técnica de fase de vapor utilizada para depositar películas finas em substratos com uma precisão ao nível atómico. Este método distingue-se pela sua capacidade de produzir camadas extremamente uniformes e conformes, o que é crucial para muitas aplicações tecnológicas avançadas. O processo ALD baseia-se em reacções químicas sequenciais e auto-limitadas, permitindo um controlo preciso da espessura e da composição da película a uma escala atómica.

O princípio fundamental da ALD baseia-se na exposição alternada do substrato a diferentes precursores, sendo que cada exposição resulta numa reação auto-limitada que deposita uma monocamada de material. A exposição sequencial assegura que a película cresce camada a camada, permitindo um controlo preciso da espessura e da composição da película depositada. Este processo envolve quatro etapas principais, repetidas em ciclos até se atingir a espessura de película desejada.

Em termos de método experimental, a configuração envolve uma câmara de reação onde o substrato é colocado, equipada com sistemas precisos de controlo da temperatura e da pressão concebidos para lidar com os requisitos específicos da ALD, tais como a manutenção de vácuo ou de uma atmosfera controlada.

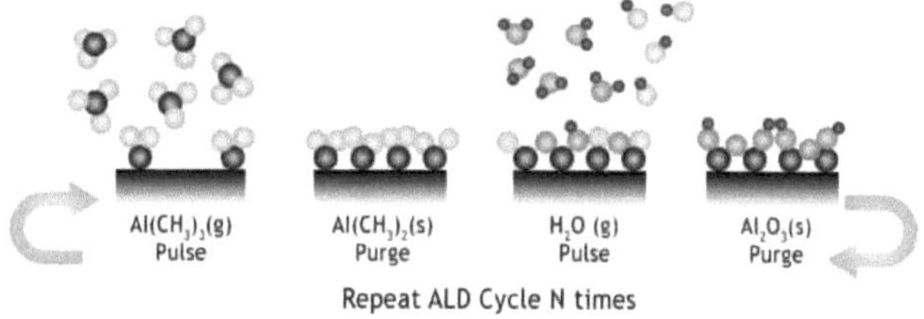


Figura 3.5 Método de deposição de camada atómica.

(https://www.forgenano.com/what-is-particle-atomic-layer-deposition-pald/).

Um sistema de fornecimento de precursores, normalmente incluindo controladores de fluxo de massa, fornece precursores gasosos para a câmara de uma forma controlada. Durante o ciclo ALD, o primeiro gás precursor é introduzido na câmara, reagindo com a superfície do substrato para formar uma monocamada. Esta reação é auto-limitada, o que significa que pára quando todos os sítios reactivos na superfície são ocupados. Em seguida, é utilizado um gás inerte, frequentemente azoto ou árgon, para purgar a câmara, removendo qualquer excesso de precursor e subprodutos da reação. Em seguida, é introduzido o segundo gás precursor, que reage com a primeira monocamada para formar parte da película fina desejada. Esta reação é também auto-limitada. Finalmente, a câmara é novamente purgada com gás inerte para remover qualquer segundo precursor e subprodutos remanescentes, preparando a superfície para o ciclo seguinte.

Este ciclo de ALD é repetido para construir a película fina camada a camada. Cada ciclo adiciona uma espessura controlada, normalmente da ordem de uma camada atómica, permitindo um controlo preciso da espessura e composição globais da película. A película depositada pode ser submetida a recozimento, um processo de tratamento térmico, para melhorar a sua cristalinidade, reduzir defeitos ou melhorar propriedades específicas do material.

A ALD tem várias aplicações críticas. Na eletrónica, é utilizado para depositar materiais dieléctricos de alto K, como o óxido de háfnio (HfO2), que são essenciais para melhorar o desempenho dos transístores em microprocessadores e dispositivos de memória, bem como películas metálicas ultrafinas para vários componentes electrónicos. Na energia fotovoltaica, a ALD cria camadas de barreira ultra-finas que protegem os dispositivos fotovoltaicos da humidade e do oxigénio, aumentando a sua durabilidade e desempenho, e deposita revestimentos antirreflexo em painéis solares para melhorar a absorção de luz e aumentar a eficiência. Para revestimentos protectores, a ALD aplica revestimentos ultra-finos e conformacionais que protegem as superfícies da corrosão, oxidação e outros

A ALD produz catalisadores nanoestruturados com elevadas áreas de superfície e composições controladas, cruciais para o fabrico de produtos químicos e tecnologias de remediação ambiental. Na catálise, a ALD produz catalisadores nanoestruturados com áreas de superfície elevadas e composições controladas, cruciais para o fabrico de produtos químicos e tecnologias de remediação ambiental. Além disso, a ALD é utilizada para aplicar revestimentos biocompatíveis em implantes e dispositivos médicos, melhorando a sua integração com tecidos biológicos e reduzindo o risco de rejeição.

As vantagens da ALD incluem a sua excecional conformidade e uniformidade, proporcionando uma excelente cobertura de estruturas de elevado rácio de aspeto, essenciais para dispositivos avançados de semicondutores e materiais nanoestruturados. A espessura da película pode ser controlada a nível atómico, bastando contar o número de ciclos de deposição, e as películas produzidas por ALD são densas e de elevada pureza, com níveis muito baixos de defeitos. No entanto, a ALD também enfrenta desafios como o rendimento, uma vez que a sua natureza sequencial pode ser morosa, limitando potencialmente a sua aplicação no fabrico de grandes volumes, a menos que sejam utilizados múltiplos reactores paralelos. A necessidade de múltiplos gases precursores e de produtos químicos de elevada pureza, juntamente com taxas de deposição relativamente lentas, pode aumentar o custo global do processo. Além disso, a disponibilidade de precursores químicos adequados que sejam voláteis e reactivos a temperaturas controláveis pode ser uma limitação para alguns materiais.

Em suma, a deposição de camadas atómicas (ALD) é uma técnica crítica na nanofabricação, proporcionando um controlo sem paralelo sobre as interfaces dos materiais e as propriedades das películas finas. A capacidade de depositar camadas uniformes e conformes com precisão atómica torna a ALD essencial para os avanços na eletrónica, nas tecnologias energéticas, nos revestimentos protectores e na catálise. Embora subsistam desafios como o rendimento e o custo, os esforços de investigação e desenvolvimento em curso visam aumentar a eficiência e expandir as aplicações da ALD, solidificando ainda mais o seu papel na nanotecnologia de ponta e na ciência dos materiais.

### 3.4 Desafios e direcções futuras

As técnicas de nanofabricação revolucionaram várias indústrias ao permitirem a manipulação precisa de materiais à nanoescala. No entanto, estas técnicas enfrentam desafios como a escalabilidade e o rendimento, o custo, a complexidade da integração de vários materiais, o impacto ambiental e o controlo da precisão e dos defeitos. As técnicas de elevado rendimento são essenciais para os volumes de produção industrial, ao passo que o custo está associado ao equipamento sofisticado e à manutenção. A integração de múltiplos materiais com propriedades diferentes é complexa, e enfrentar estes desafios é crucial para o desenvolvimento sustentável. As direcções futuras incluem o desenvolvimento de técnicas de elevado rendimento, o desenvolvimento de materiais e ferramentas avançados, técnicas híbridas, nanofabrico amigo do ambiente, processos automatizados e orientados para a IA e nanofabrico 3D. As técnicas de elevado rendimento podem transformar métodos à escala laboratorial em técnicas de elevado rendimento sem comprometer a precisão. Os materiais e ferramentas avançados, as técnicas híbridas, o nanofabrico ecológico e o nanofabrico 3D alargarão as possibilidades de dispositivos e sistemas à escala nanométrica. Ao enfrentar estes desafios e continuar a inovar, as tecnologias de nanofabrico podem avançar ainda mais, permitindo a criação de dispositivos e sistemas à nanoescala mais complexos, eficientes e sustentáveis. Estes avanços terão amplas implicações na tecnologia, medicina e ciência dos materiais, fazendo avançar os domínios da nanotecnologia e da engenharia.

## 3.5 Questões e problemas de revisão

### 3.5.1 Perguntas de revisão

1. **Definir a nanotecnologia e a sua importância:** O que é a nanotecnologia e porque é que é importante para a ciência e tecnologia modernas?
2. **Abordagens Top-Down vs. Bottom-Up:** Comparar e contrastar abordagens de cima para baixo e de baixo para cima na síntese de nanomateriais. Dar exemplos de técnicas utilizadas em cada abordagem.
3. **Técnicas de litografia:** Explicar o processo de litografia. Em que é que a fotolitografia difere da litografia por feixe de electrões e da litografia por nanoimpressão?
4. **Processo de moagem de bolas:** Descreva o processo de moagem de bolas. Quais são os principais factores que influenciam o resultado do processo de moagem?
5. **Deposição química em fase vapor (CVD):** Descrever as etapas envolvidas no processo de CVD. Quais são os diferentes tipos de CVD e quais são as suas aplicações específicas?
6. **Processo Sol-Gel:** Detalhe o processo sol-gel. Quais são as vantagens e os desafios associados a este método?
7. **Auto-montagem:** Explicar o conceito de auto-montagem. Em que é que difere das técnicas de fabrico tradicionais e quais são as suas potenciais aplicações?
8. **Técnica de electrospinning:** O que é a electrospinning e quais são as suas principais aplicações? Discuta as vantagens e os desafios desta técnica.
9. **Nanolitografia:** Descrever o processo de nanolitografia. Porque é que a litografia por feixe de electrões é particularmente importante no desenvolvimento de dispositivos à nanoescala?
10. **Deposição em camada atómica (ALD):** Como funciona a deposição em camada atómica? Quais são as vantagens da ALD em relação a outras técnicas de deposição de película fina?
11. **Aplicações de nanofabricação:** Identificar e discutir três aplicações principais de técnicas de nanofabricação em diferentes sectores.
12. **Desafios na nanofabricação:** Quais são alguns dos desafios comuns enfrentados na nanofabricação? Como é que estes desafios podem afetar a escalabilidade e a viabilidade comercial da nanotecnologia?

### 3.5.2 Problemas

1. **Problema de Padronização Litográfica:** Um processo de fotolitografia é utilizado para criar um padrão numa bolacha de silício. Se a espessura do fotorresistente for de 1,5 micrómetros e o tamanho pretendido das características for de 0,5 micrómetros, calcule a relação de aspeto das características modeladas. Discuta os desafios associados à obtenção de rácios de aspeto elevados em litografia.
2. **Cálculo do tempo de moagem de bolas:** Um investigador está a utilizar a moagem de bolas para reduzir o tamanho das partículas de um material cerâmico. Se o tamanho inicial das partículas é de 100 micrómetros e o tamanho final desejado é de 50 nanómetros, durante quanto tempo deve continuar o processo de moagem? Assuma que a taxa de moagem é constante e apresente uma solução passo a passo.
3. **Controlo da espessura da película CVD:** Num processo CVD, a taxa de deposição de uma película de dióxido de silício é de 2 nanómetros por minuto. Se for necessária uma película uniforme de 100 nanómetros de espessura, quanto tempo deve durar o processo de deposição? Discuta quaisquer factores que possam afetar a uniformidade da película.
4. **Análise da contração do sol-gel:** Durante o processo sol-gel, um gel encolhe 30% durante a secagem. Se o volume inicial do gel é de 100 $cm^3$ , qual será o seu volume final após a secagem? Discuta como a contração pode afetar as propriedades do material final.
5. **Projeto de auto-montagem:** Conceber um sistema de auto-montagem utilizando copolímeros em bloco que possam formar micelas em soluções aquosas. Descrever a estrutura molecular necessária e as interacções que conduzem o processo de auto-montagem.
6. **Otimização dos parâmetros de electrospinning:** Numa instalação de electrospinning, a tensão aplicada é de 15 kV, a distância entre a ponta e o coletor é de 20 cm e o caudal da solução de polímero é de 1 mL/h. Se o diâmetro da fibra resultante for de 200 nanómetros, que alterações devem ser feitas para reduzir o diâmetro da fibra para 100 nanómetros? Forneça uma explicação pormenorizada.
7. **Desafio da resolução da nanolitografia:** Uma empresa de semicondutores está

a utilizar a litografia por feixe de electrões para criar elementos com uma resolução de 5 nanómetros. Se a corrente do feixe for de 10 pA e o tempo de exposição por pixel for de 1 ms, calcule o tempo total de exposição para uma área de 1 $cm^2$ com um tamanho de pixel de 5 nm × 5 nm. Discutir as limitações práticas desta abordagem.

8. **Cálculo do ciclo ALD:** Durante um processo ALD, cada ciclo deposita uma camada de 0,1 nanómetros de espessura. Quantos ciclos são necessários para depositar uma película de 50 nanómetros de espessura? Discuta a importância do controlo dos ciclos para obter propriedades de película uniformes.
9. **Avaliação do impacto ambiental da nanofabricação:** Avaliar o impacto ambiental das técnicas de nanofabricação, como a CVD e a ALD. Que medidas podem ser adoptadas para atenuar os riscos ambientais associados a estes processos?
10. **Direcções futuras em nanofabricação:** Propor um projeto de investigação centrado no desenvolvimento de uma nova técnica de nanofabricação que responda a um dos desafios actuais neste domínio. Descreva os objectivos, a metodologia e as potenciais aplicações desta nova técnica.

# Capítulo 4 : Técnicas de caraterização em nanotecnologia

A nanotecnologia depende fortemente de técnicas de caraterização precisas para analisar e compreender as propriedades dos nanomateriais e nanoestruturas. Estas técnicas são essenciais para determinar a composição, a estrutura, a morfologia e outros atributos críticos dos materiais à nanoescala. Este capítulo apresenta uma visão geral das técnicas de caraterização mais utilizadas em nanotecnologia, incluindo microscopia, espetroscopia, métodos de difração e outras ferramentas avançadas.

## 4.1 Introdução às técnicas de caraterização

As técnicas de caraterização são fundamentais na nanotecnologia, fornecendo conhecimentos essenciais sobre as propriedades e o comportamento dos nanomateriais e nanoestruturas. Uma vez que a nanotecnologia envolve a manipulação da matéria às escalas atómica e molecular, uma caraterização precisa e exacta é essencial para compreender e otimizar estes materiais para várias aplicações. Estas técnicas permitem aos investigadores sondar as propriedades físicas, químicas e estruturais dos materiais com elevada resolução e sensibilidade, facilitando o desenvolvimento de tecnologias avançadas em eletrónica, ótica, catálise, engenharia biomédica, etc.

A caraterização em nanotecnologia engloba uma vasta gama de métodos, cada um adaptado a aspectos específicos da análise de materiais. As técnicas de microscopia, como a Microscopia Eletrónica de Varrimento (SEM) e a Microscopia Eletrónica de Transmissão (TEM), fornecem imagens detalhadas da morfologia da superfície e das estruturas internas à nanoescala. As técnicas de espetroscopia, incluindo a espetroscopia de fotoelectrões de raios X (XPS) e a espetroscopia Raman, revelam informações sobre a composição química e as interacções moleculares. Os métodos de difração, como a difração de raios X (XRD) e a difração de electrões, elucidam as estruturas cristalinas e as composições de fase. Outras ferramentas avançadas, como a microscopia de força atómica (AFM), a dispersão dinâmica da luz (DLS) e a espetroscopia de ressonância magnética nuclear (NMR), oferecem informações sobre a topografia da superfície, a distribuição do tamanho das partículas e a dinâmica molecular.

A seleção de técnicas de caraterização adequadas é crucial para uma análise abrangente dos materiais. Cada método oferece vantagens e limitações únicas e, frequentemente, é utilizada uma combinação de técnicas para obter uma compreensão completa das propriedades do material. Por exemplo, enquanto o SEM oferece excelentes capacidades de imagem da superfície, o TEM pode fornecer informações pormenorizadas sobre a estrutura interna e a cristalinidade das nanopartículas. Do mesmo modo, o XPS é altamente eficaz para a análise química da superfície, enquanto a espetroscopia FTIR e Raman são valiosas para estudar as vibrações moleculares e os grupos funcionais.

Além disso, o desenvolvimento da nanotecnologia tem impulsionado o avanço das próprias técnicas de caraterização. A resolução melhorada, a maior sensibilidade e a capacidade de analisar nanoestruturas complexas são algumas das melhorias que foram alcançadas nos últimos anos. Estes avanços não só melhoraram a nossa compreensão dos nanomateriais, como também alargaram as possibilidades da sua aplicação em várias indústrias de alta tecnologia.

As técnicas de caraterização são indispensáveis na nanotecnologia, permitindo a análise precisa e a otimização de nanomateriais. Ao compreenderem os pontos fortes e as limitações de cada método, os investigadores podem aproveitar eficazmente estas ferramentas para impulsionar inovações e avanços em vários domínios. Este capítulo abordará as técnicas de caraterização mais utilizadas em nanotecnologia, explorando os seus princípios, aplicações e importância na ciência dos materiais.

## 4.2 Técnicas de Microscopia

As técnicas de microscopia são ferramentas essenciais na nanotecnologia, permitindo aos investigadores visualizar e analisar a estrutura e a morfologia dos nanomateriais a resoluções extremamente elevadas. Estas técnicas fornecem informações fundamentais sobre as características físicas dos materiais, ajudando a compreender as suas propriedades e comportamento. Aqui, discutimos algumas das técnicas de microscopia mais utilizadas em nanotecnologia, incluindo a Microscopia Eletrónica de Varrimento (SEM), a Microscopia Eletrónica de Transmissão (TEM) e a Microscopia de Força Atómica (AFM).

### 4.2.1 Microscopia eletrónica de varrimento (SEM)

**Princípio:** A Microscopia Eletrónica de Varrimento (SEM) utiliza um feixe focalizado de electrões de alta energia para gerar vários sinais na superfície de uma amostra. Estes sinais produzem uma imagem que fornece informações sobre a topografia da superfície da amostra, a sua composição e outras propriedades. Os electrões interagem com os átomos da amostra, resultando na emissão de electrões secundários, electrões retrodifundidos e raios X característicos.

**Aplicações:**

- Determinação da morfologia e textura da superfície.
- Análise do tamanho e da distribuição das partículas.
- Estudo de fracturas e defeitos de superfície.

- Investigação de microestruturas em materiais biológicos e inorgânicos.

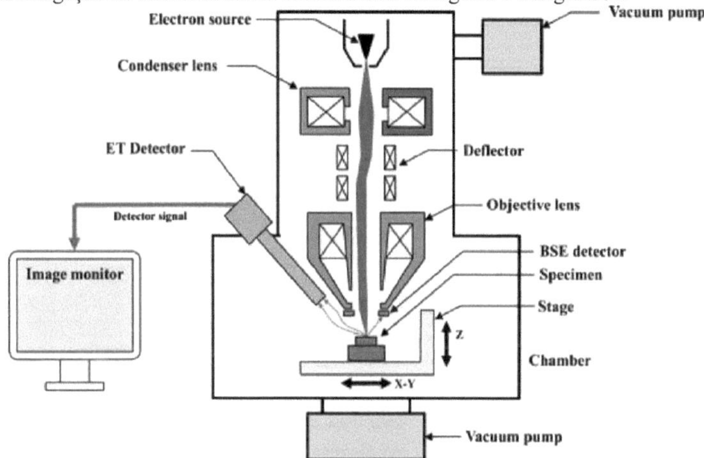


Figura 4.1 Diagrama esquemático da Microscopia Eletrónica de Varrimento (SEM).

**Vantagens:**

- Alta resolução e profundidade de campo.
- Capacidade de analisar grandes áreas de superfície.
- Versátil nos modos de imagem e analítico.

**Limitações:**

- Requer amostras condutoras ou o revestimento de amostras não condutoras com um material condutor.

- Capacidade limitada de análise das estruturas internas.

### 4.2.2 Microscopia Eletrónica de Transmissão (TEM)

**Princípio:** A microscopia eletrónica de transmissão (TEM) envolve a transmissão de um feixe de electrões através de uma amostra ultrafina. A interação dos electrões com a amostra forma uma imagem que pode ser ampliada e analisada para revelar informações detalhadas sobre a estrutura interna e a cristalografia do material.

**Aplicações:**

- Investigação da estrutura interna e cristalografia.
- Análise de defeitos e deslocações em cristais.
- Imagiologia de alta resolução de nanopartículas e películas finas.
- Estudo de espécimes biológicos a nível molecular.

**Vantagens:**

- Resolução extremamente elevada, capaz de resolver estruturas atómicas.
- Informações pormenorizadas sobre as estruturas e composições internas.

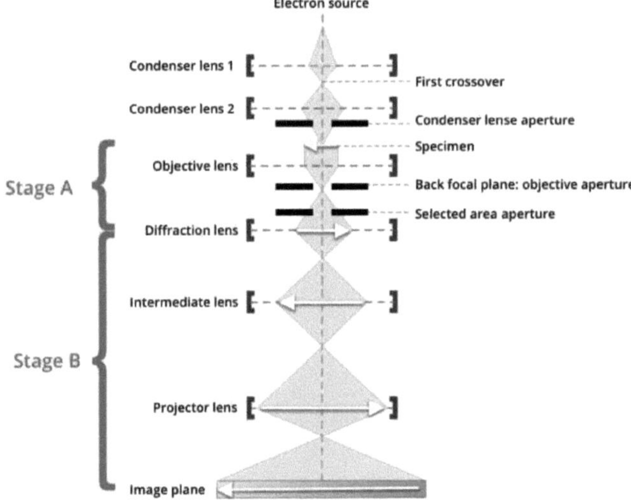


Figura 4.2 Diagrama esquemático da Microscopia Eletrónica de Transmissão (TEM).

**Limitações:**

- Requer amostras muito finas, que podem ser difíceis de preparar.
- Caro e requer uma operação especializada.
- Suscetível de ser danificado por radiações de feixes de electrões.

### 4.2.3 Microscopia de força atómica (AFM)

**Princípio:** A Microscopia de Força Atómica (AFM) utiliza uma ponta afiada ligada a um cantilever para analisar a superfície de uma amostra. As interacções entre a ponta e a superfície são medidas para criar um mapa topográfico da superfície com resolução atómica. A AFM pode funcionar em diferentes modos, incluindo o modo de contacto, o modo de batimento e o modo sem contacto, cada um fornecendo diferentes tipos de informação sobre a superfície da amostra.

**Aplicações:**

- Imagiologia da topografia de superfícies à nanoescala.
- Medição da rugosidade da superfície e das propriedades mecânicas.
- Análise das modificações superficiais e das nanoestruturas.
- Investigação das propriedades eléctricas e magnéticas à nanoescala.

**Vantagens:**

- Alta resolução em três dimensões.
- Pode ser utilizado numa grande variedade de materiais, incluindo amostras não condutoras.
- Fornece medições quantitativas das propriedades da superfície.

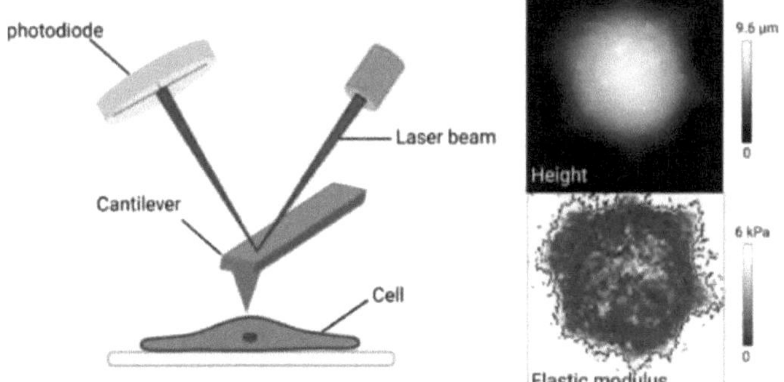


Figura 4.3 Diagrama esquemático da Microscopia de Força Atómica (AFM).

**Limitações:**

- Área de varrimento limitada em comparação com o SEM e o TEM.

- Processo de obtenção de imagens relativamente lento.
- O desgaste da ponta pode afetar a resolução e a precisão da imagem.

As técnicas de microscopia, tais como SEM, TEM e AFM, são cruciais para a visualização e análise de nanomateriais. A MEV fornece imagens detalhadas da superfície e informações sobre a composição, a TEM oferece uma análise estrutural interna de alta resolução e a AFM permite medições de alta resolução da topografia da superfície e das propriedades mecânicas. Cada técnica tem os seus pontos fortes e limitações, tornando-as ferramentas complementares na caraterização exaustiva dos nanomateriais. Ao tirar partido destas técnicas de microscopia, os investigadores podem obter conhecimentos profundos sobre as propriedades e os comportamentos dos materiais à escala nanométrica, impulsionando os avanços na nanotecnologia e na ciência dos materiais.

**4.3 Técnicas de difração:** As técnicas de difração são fundamentais na nanotecnologia para elucidar a estrutura cristalina dos materiais. Estes métodos baseiam-se na interação da radiação (como os raios X ou os electrões) com os arranjos atómicos periódicos de um cristal, produzindo padrões de difração característicos que podem ser analisados para revelar informações estruturais detalhadas. Aqui, exploramos duas técnicas-chave de difração: Difração de raios X (XRD) e Difração de electrões.

### 4.3.1 Difração de raios X (XRD)

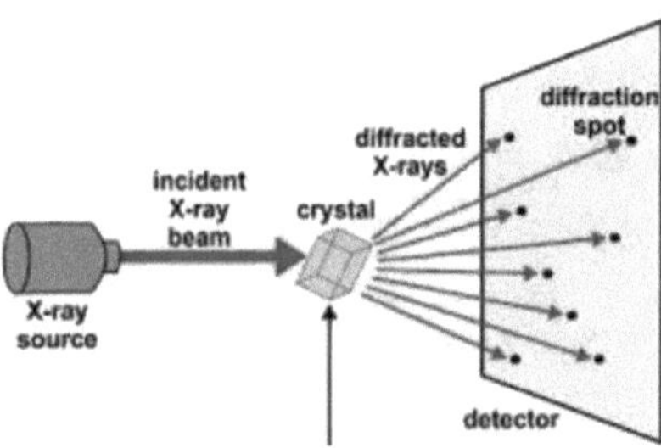


Figura 4.4 Diagrama esquemático da difração de raios X (XRD).

**Princípio:** A difração de raios X (DRX) consiste em dirigir os raios X para um material cristalino. Quando os raios X encontram a rede cristalina, são difractados em direcções específicas, determinadas pelo espaçamento dos planos atómicos no interior do cristal. Ao medir os ângulos e as intensidades destes feixes difractados, é produzido um padrão de difração. Este padrão é então analisado para determinar a estrutura do cristal, os parâmetros da rede e a identificação da fase.

**Aplicações:**

- Determinação da estrutura cristalina e da composição de fases dos materiais.
- Medição dos parâmetros de rede e identificação da simetria cristalina.
- Análise de deformação, tamanho de cristalitos e defeitos em materiais.
- Investigação de películas finas e multicamadas.

**Vantagens:**

- Técnica não destrutiva que fornece informações estruturais pormenorizadas.
- Capaz de analisar uma vasta gama de materiais, incluindo metais, cerâmicas, polímeros e películas finas.
- Bem estabelecido e amplamente utilizado tanto na investigação como na indústria.

**Limitações:**

- Requer amostras cristalinas; os materiais amorfos não produzem padrões de difração nítidos.
- A interpretação de padrões de difração complexos pode ser um desafio e requer conhecimentos especializados.
- Limita-se a fornecer informações médias sobre o volume amostrado.

### 4.3.2 Difração de electrões

**Princípio:** A difração de electrões utiliza um feixe de electrões para produzir padrões de difração a partir de uma amostra cristalina. Como os electrões têm comprimentos de onda muito mais curtos do que os raios X, a difração de electrões pode fornecer informações de maior resolução sobre a estrutura e orientação do cristal. Quando os electrões interagem com a estrutura atómica periódica, são difractados, produzindo padrões que são captados e analisados.

**Aplicações:**

- Estudo da estrutura cristalina de pequenas partículas, películas finas e nanomateriais.
- Identificação de defeitos cristalográficos e deslocações.
- Análise de materiais nanocristalinos e amorfos.
- Técnicas complementares de imagiologia em Microscopia Eletrónica de Transmissão (TEM).

**Vantagens:**

- Elevada sensibilidade aos detalhes estruturais devido ao curto comprimento de onda dos electrões.

- Adequado para amostras muito pequenas e películas finas.
- Fornece informações detalhadas sobre a orientação dos cristais e defeitos.

**Limitações:**

- A preparação das amostras pode ser complexa, exigindo espécimes muito finos.
- A interpretação de padrões de difração requer conhecimentos especializados.
- A radiação do feixe de electrões pode danificar potencialmente materiais sensíveis.

As técnicas de difração, como a difração de raios X (XRD) e a difração de electrões, são ferramentas essenciais para caraterizar a estrutura cristalina dos nanomateriais. A XRD é amplamente utilizada para determinar estruturas cristalinas, parâmetros de rede e composição de fases de uma forma não destrutiva. A difração de electrões, com a sua resolução mais elevada, é particularmente útil para estudar pequenas partículas e películas finas, fornecendo informações detalhadas sobre a orientação cristalográfica e os defeitos. Em conjunto, estas técnicas oferecem uma visão que impulsionam os avanços
complementar das propriedades estruturais dos materiais, nestes métodos de difração,
da nanotecnologia e da ciência dos materiais. Ao utilizá- as propriedades
las, os investigadores podem obter uma compreensão
mais profunda dos nanomateriais, permitindo a conceção e otimização de materiais avançados para várias aplicações.

### 4.4 Outras técnicas de caraterização

Para além da microscopia e da difração, várias outras técnicas de caraterização são cruciais na nanotecnologia para uma análise abrangente dos nanomateriais. Estas técnicas fornecem informações sobre a composição química, a distribuição do tamanho das partículas e a dinâmica molecular dos nanomateriais. Aqui, abordamos a dispersão dinâmica da luz (DLS), a espetroscopia de ressonância magnética nuclear (RMN), a espetroscopia de fotoelectrões de raios X (XPS) e a espetroscopia Raman.

#### 4.4.1 Dispersão dinâmica da luz (DLS)

**Princípio:** A dispersão dinâmica da luz (DLS) mede a dispersão da luz por partículas em suspensão para determinar a sua distribuição de tamanho. A intensidade da luz dispersa flutua devido ao movimento Browniano das partículas, e estas flutuações são analisadas para calcular o raio hidrodinâmico das partículas.

**Aplicações:**

- Medição do tamanho e da distribuição do tamanho das partículas em sistemas coloidais.
- Análise de nanopartículas e proteínas em solução.
- Estudo da agregação e da estabilidade das suspensões.

**Vantagens:**

- Rápido e não invasivo.
- Adequado para uma vasta gama de tamanhos de partículas, tipicamente de alguns nanómetros a vários micrómetros.
- Fornece informações sobre a estabilidade e a dispersão de nanopartículas em suspensão.

**Limitações:**

- Requer que as partículas estejam em suspensão.
- A interpretação pode ser afetada pela polidispersão da amostra.
- Limitado a partículas esféricas para uma medição exacta do tamanho.

### 4.4.2 Espectroscopia de Ressonância Magnética Nuclear (RMN)

**Princípio:** A espetroscopia de ressonância magnética nuclear (RMN) mede a interação dos spins nucleares com um campo magnético externo para fornecer informações sobre a estrutura e a dinâmica moleculares. Diferentes núcleos ressoam a frequências características dependendo do seu ambiente químico, permitindo uma análise estrutural detalhada.

**Aplicações:**

- Determinação da estrutura molecular e da composição.
- Estudo da dinâmica e das interacções moleculares.
- Caracterização de compostos orgânicos e inorgânicos, incluindo polímeros e biomoléculas.

**Vantagens:**

- Fornece informações estruturais e dinâmicas pormenorizadas.
- Técnica não destrutiva.
- Pode analisar misturas complexas sem a necessidade de separação.

**Limitações:**

- Requer quantidades relativamente grandes de amostras em comparação com outras técnicas.

- Caro e requer equipamento especializado.
- Não é adequado para todos os tipos de núcleos (por exemplo, núcleos não magnéticos).

### 4.4.3 Espectroscopia de fotoelectrões de raios X (XPS)

**Princípio:** A espetroscopia de fotoelectrões de raios X (XPS) mede a energia cinética dos electrões emitidos a partir da superfície de um material quando irradiado com raios X. Isto fornece informações sobre a composição elementar e os estados químicos dos átomos dentro dos primeiros nanómetros da superfície.

**Aplicações:**

- Análise química da superfície e composição elementar.
- Determinação de estados de oxidação e ambientes químicos.
- Análise de películas finas, revestimentos e tratamentos de superfície.

**Vantagens:**

- Sensível à química e composição da superfície.
- Análise elementar quantitativa.
- Pode fornecer informações sobre estados e ambientes químicos.

**Limitações:**

- Técnica sensível à superfície, limitada aos nanómetros superiores.
- Requer condições de vácuo ultra-elevado.
- A interpretação dos espectros pode ser complexa, especialmente para superfícies misturadas ou contaminadas.

### 4.4.4 Espectroscopia Raman

**Princípio:** A espetroscopia Raman mede a dispersão inelástica da luz (dispersão Raman) das moléculas. O espetro resultante fornece informações sobre as vibrações moleculares, que podem ser utilizadas para identificar a composição química e a estrutura molecular.

**Aplicações:**

- Caracterizar a estrutura molecular e as ligações químicas.
- Identificação de materiais e deteção de impurezas.
- Estudo das tensões e deformações nos materiais.
- Analisar nanomateriais, tais como nanotubos de carbono e grafeno.

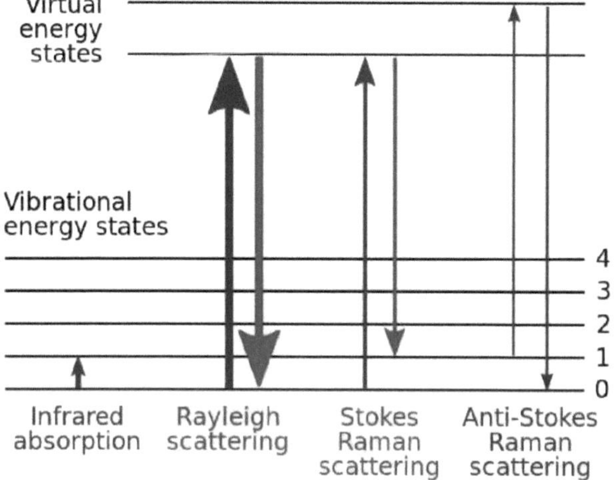

Figura 4.6 Diagrama de níveis de energia que mostra os estados envolvidos nos espectros Raman.

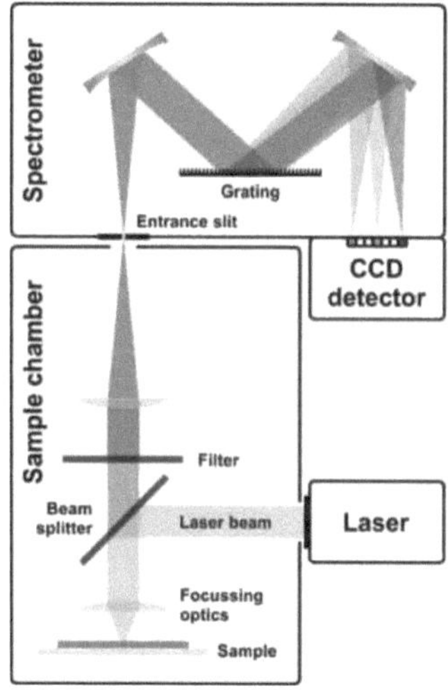

Figura 4.7 Esquema de uma configuração possível da espetroscopia Raman dispersiva.

**Vantagens:**

- Técnica não destrutiva.
- É capaz de analisar materiais orgânicos e inorgânicos.
- Fornece informações moleculares pormenorizadas e pode ser utilizado para

análises in situ.

**Limitações:**

- A interferência da fluorescência pode complicar os espectros.
- Sensibilidade limitada para determinados materiais.
- Requer calibração cuidadosa e preparação de amostras.

Outras técnicas de caraterização, como a dispersão dinâmica da luz (DLS), a espetroscopia de ressonância magnética nuclear (NMR), a espetroscopia de fotoelectrões de raios X (XPS) e a espetroscopia Raman, fornecem informações essenciais sobre o tamanho, a composição e a dinâmica molecular dos nanomateriais. A DLS é amplamente utilizada para analisar a distribuição do tamanho das partículas em sistemas coloidais, enquanto a RMN oferece informações pormenorizadas sobre a estrutura e as interacções moleculares. A XPS é crucial para a análise química da superfície e a espetroscopia Raman fornece informações sobre as vibrações moleculares e as ligações químicas. Estas técnicas complementam os métodos de microscopia e difração, oferecendo uma compreensão abrangente das propriedades e comportamentos dos nanomateriais, impulsionando assim os avanços na nanotecnologia e na ciência dos materiais.

## 4.5 Questões e problemas de revisão

### 4.5.1 Perguntas de revisão

1. **Técnicas de Microscopia:**
   1) Descrever o princípio da Microscopia Eletrónica de Varrimento (SEM) e as suas principais aplicações em nanotecnologia.
   2) Quais são as principais diferenças entre a Microscopia Eletrónica de Transmissão (TEM) e a Microscopia de Força Atómica (AFM) em termos de capacidades de imagem e requisitos de amostra?
   3) Explicar como a AFM pode ser utilizada para medir as propriedades mecânicas de um nanomaterial.
2. **Técnicas de difração:**
   1) Qual é o princípio da difração de raios X (XRD) e como é utilizada para determinar a estrutura cristalina de um material?
   2) Como é que a difração de electrões complementa as imagens TEM na análise de nanomateriais?
   3) Discutir as principais vantagens e limitações da utilização de XRD para a caraterização de nanomateriais.

3. **Outras técnicas de caraterização:**
    1) Como é que a dispersão dinâmica da luz (DLS) determina a distribuição do tamanho das nanopartículas numa solução coloidal?
    2) Descrever o princípio da espetroscopia de ressonância magnética nuclear (RMN) e a sua aplicação no estudo da dinâmica molecular.
    3) Explicar a sensibilidade superficial da espetroscopia de fotoelectrões de raios X (XPS) e a sua importância na análise de películas finas e revestimentos.
    4) Que informações podem ser obtidas através da espetroscopia Raman e qual a sua utilidade na análise de nanomateriais?

### 4.5.2 Problemas

1. **Aplicação da Técnica de Microscopia:** Dada uma amostra de nanotubos de carbono, descreva os passos que tomaria para analisar a sua morfologia utilizando o MEV. Que características específicas procuraria nas imagens de MEV para confirmar a presença de nanotubos de carbono?
2. **Análise de padrões de difração:** Tem um padrão de difração obtido de uma análise XRD de um material nanocristalino. Explique como determinaria os parâmetros de rede e identificaria a composição de fases do material a partir deste padrão.
3. **Interpretação de dados de dispersão dinâmica da luz (DLS):** Uma medição DLS de uma solução coloidal produz uma distribuição de tamanho bimodal com picos a 50 nm e 200 nm. Discuta o que esta distribuição bimodal indica sobre a solução coloidal. Como é que a presença de agregados ou de múltiplos tipos de partículas pode afetar a interpretação dos dados de DLS?
4. **Problema de Espectroscopia de RMN:** É-lhe dada uma amostra de polímero e é-lhe pedido que determine a sua estrutura molecular utilizando espetroscopia de RMN. Descreva os passos a seguir para preparar a amostra, efetuar a análise por RMN e interpretar os espectros resultantes.
5. **Análise de superfície por XPS:** Uma película fina é analisada por XPS e os espectros mostram picos correspondentes a diferentes estados de oxidação de um metal. Explique como utilizaria esta informação para determinar a composição química e a química da superfície da película fina. Que desafios poderá encontrar na interpretação dos espectros de XPS?

6. **Problema de Espectroscopia Raman:** Tem a tarefa de identificar a presença de grafeno num material compósito utilizando a espetroscopia Raman. Que características esperaria ver nos espectros Raman que indicam a presença de grafeno? Como é que distingue estas características das de outros materiais à base de carbono?

# Capítulo 5 : Aplicações da nanotecnologia

A nanotecnologia está a revolucionar vários domínios, permitindo o desenvolvimento de materiais e dispositivos com propriedades e funcionalidades sem precedentes. Este capítulo explora as vastas aplicações da nanotecnologia em diferentes sectores, incluindo a eletrónica, os cuidados de saúde, a energia, a ciência ambiental e a ciência dos materiais.

## 5.1 Eletrónica

**5.1.1 Circuitos integrados e semicondutores:** A nanotecnologia desempenha um papel fundamental no avanço dos circuitos integrados (CI) e semicondutores, impulsionando a miniaturização e a melhoria do desempenho dos dispositivos electrónicos. Dado que a procura de dispositivos electrónicos mais rápidos, mais eficientes e mais compactos continua a crescer, a nanotecnologia fornece as ferramentas e os métodos necessários para ultrapassar os limites da Lei de Moore. Esta transformação nos circuitos integrados e semicondutores é conseguida através de técnicas de fabrico avançadas, materiais inovadores e novas arquitecturas de dispositivos.

**5.1.1.1 Técnicas de nanofabricação:** A litografia por feixe de electrões (EBL) é uma técnica fundamental utilizada para criar padrões extremamente finos necessários para os circuitos integrados modernos. A EBL utiliza um feixe focalizado de electrões para escrever diretamente padrões num substrato revestido de resistência, oferecendo uma resolução até alguns nanómetros, essencial para dispositivos semicondutores avançados. No entanto, a EBL é relativamente lenta e dispendiosa, o que a torna adequada principalmente para investigação e desenvolvimento e produção de baixo volume. A deposição de camadas atómicas (ALD) é outra técnica vital, que permite um controlo preciso da espessura e da composição da película à escala atómica. A ALD é utilizada para depositar dieléctricos high-k e materiais de porta metálica em transístores, melhorando o seu desempenho elétrico e fiabilidade. A natureza conformacional das películas ALD assegura uma cobertura uniforme mesmo em estruturas tridimensionais complexas, crucial para dispositivos semicondutores avançados.

**5.1.1.2 Materiais inovadores:** O grafeno, uma camada única de átomos de carbono dispostos numa estrutura hexagonal, apresenta propriedades eléctricas, térmicas e mecânicas excepcionais. A sua elevada mobilidade de electrões torna-o um material atrativo para transístores e interligações da próxima geração, com potencial para funcionar a velocidades mais elevadas e menor consumo de energia em comparação com os transístores tradicionais à base de silício. Os nanotubos de carbono (CNT) são nanoestruturas cilíndricas compostas por folhas de grafeno enroladas, possuindo uma notável condutividade eléctrica e resistência mecânica. Os transístores à base de CNT, conhecidos como transístores de efeito de campo de nanotubos de carbono (CNTFET), oferecem um desempenho superior e um menor consumo de energia do que os transístores à base de silício. Além disso, materiais bidimensionais (2D) como o dissulfureto de molibdénio (MoS2) e o nitreto de boro hexagonal (h-BN) estão a ser explorados para aplicações de semicondutores. Estes materiais oferecem propriedades electrónicas únicas e podem ser utilizados para criar transístores com excelentes características de desempenho, como o MoS2, que tem um "bandgap" direto adequado para aplicações optoelectrónicas.

**5.1.1.3 Novas arquitecturas de dispositivos:** Os transístores de efeito de campo com aletas (FinFETs) são um tipo de arquitetura de transístor 3D que permite um melhor controlo do canal, reduzindo as correntes de fuga e melhorando o desempenho. Os FinFETs têm uma estrutura semelhante a uma barbatana que se eleva acima do substrato, permitindo que várias portas controlem o fluxo de corrente, melhorando o controlo eletrostático e possibilitando uma maior escala das dimensões do transístor. Os FET Gate-All- Around (GAA) são uma evolução dos FinFET, com o material da porta a envolver completamente o canal, proporcionando um controlo ainda maior sobre o canal, reduzindo os efeitos de canal curto e permitindo uma maior miniaturização. Prevê-se que os FET GAA sejam uma tecnologia-chave para os futuros nós abaixo dos 5 nm. Os transístores de efeito de campo de túnel (TFET) utilizam o tunelamento quântico para ligar e desligar a corrente, oferecendo declives sublimiares acentuados e baixas correntes de estado de desativação, o que os torna altamente eficientes em termos energéticos. Os TFET são particularmente promissores para aplicações de baixa potência e poderão desempenhar um papel significativo nos futuros dispositivos electrónicos de baixa tensão.

**5.1.1.4 Aplicações:** A nanotecnologia permite o desenvolvimento de processadores de elevado desempenho com milhares de milhões de transístores integrados num único chip, utilizados em supercomputadores, centros de dados e sistemas de computação avançados que requerem um enorme poder de processamento e velocidade. A miniaturização e as melhorias de desempenho possibilitadas pela nanotecnologia são fundamentais para a eletrónica de consumo, como os smartphones, os tablets e os computadores portáteis, permitindo a criação de dispositivos mais compactos com maior duração da bateria e funcionalidades melhoradas. Na Internet das Coisas (IoT), a nanotecnologia desempenha um papel fundamental no desenvolvimento de sensores e processadores pequenos e eficientes em termos energéticos, que requerem um baixo consumo de energia e um elevado desempenho para funcionarem eficazmente num ambiente ligado. Os circuitos integrados e semicondutores avançados são também essenciais para dispositivos médicos, como monitores de saúde portáteis, equipamento de diagnóstico e dispositivos implantáveis, em que a nanotecnologia melhora o desempenho e a miniaturização, permitindo diagnósticos e tratamentos médicos mais precisos e menos invasivos.

A nanotecnologia está a revolucionar o campo dos circuitos integrados e dos semicondutores, permitindo o desenvolvimento de dispositivos electrónicos mais pequenos, mais rápidos e mais eficientes. Técnicas avançadas de fabrico, como a litografia por feixe de electrões e a deposição de camadas atómicas, materiais inovadores como o grafeno e os nanotubos de carbono e novas arquitecturas de dispositivos, como os FinFET e os GAA FET, estão a impulsionar estes avanços. As aplicações destas tecnologias abrangem a computação de alto desempenho, a eletrónica de consumo, a Internet das coisas e os dispositivos médicos, realçando o impacto transformador da nanotecnologia na eletrónica moderna. À medida que a investigação e o desenvolvimento neste domínio continuam a progredir, o potencial para novas inovações em circuitos integrados e semicondutores continua a ser vasto.

**5.1.2 Pontos quânticos e nanofios:** A nanotecnologia permitiu o desenvolvimento de pontos quânticos e nanofios, que são componentes essenciais para o avanço da eletrónica, da fotónica e de outros domínios. Estas nanoestruturas apresentam propriedades únicas devido às suas dimensões à nanoescala e aos efeitos mecânicos quânticos, conduzindo a melhorias significativas no desempenho e na funcionalidade de vários dispositivos. Os pontos quânticos (QDs) são nanocristais semicondutores que possuem propriedades ópticas e electrónicas únicas devido a efeitos de confinamento quântico. Quando a dimensão dos pontos quânticos é reduzida a alguns nanómetros, os electrões e os buracos são confinados nas três dimensões espaciais, dando origem a níveis de energia discretos. Este confinamento quântico resulta em propriedades ópticas e electrónicas independentes, tornando os pontos quânticos altamente sintonizáveis através da simples alteração do seu tamanho. Os pontos quânticos são utilizados em ecrãs, como os díodos emissores de luz de pontos quânticos (QD-LED), para melhorar a pureza da cor e o brilho. A sua capacidade de emitir luz em comprimentos de onda específicos com elevada eficiência melhora a gama de cores e a eficiência energética dos ecrãs utilizados em televisores, monitores e smartphones. Nas células solares, os pontos quânticos melhoram a absorção da luz e aumentam a eficiência da conversão da energia solar, com as células solares sensibilizadas por pontos quânticos (QDSSC) a mostrarem-se promissoras na obtenção de eficiências de conversão de energia mais elevadas. Na imagiologia biomédica, os pontos quânticos são utilizados como sondas fluorescentes devido ao seu brilho superior, fotoestabilidade e comprimentos de onda de emissão sintonizáveis, permitindo a obtenção de imagens de alta resolução e o rastreio a longo prazo de processos biológicos a nível celular e molecular. Além disso, os pontos quânticos podem funcionar como qubits, as unidades fundamentais da informação quântica na computação quântica, devido aos seus níveis de energia discretos e à sua capacidade de controlar o spin dos electrões, o que os torna adequados para o desenvolvimento de computadores quânticos escaláveis e eficientes.

Os nanofios são nanoestruturas unidimensionais com diâmetros da ordem dos nanómetros e comprimentos que podem atingir vários micrómetros. São normalmente compostos por materiais semicondutores, metálicos ou isolantes. Os nanofios apresentam propriedades eléctricas, ópticas e mecânicas únicas devido aos seus elevados rácios de aspeto e aos efeitos de confinamento quântico. Os transístores de nanofios, como os transístores de efeito de campo de nanofios de silício (SiNW-FET), oferecem um excelente controlo sobre o canal e apresentam uma elevada mobilidade de electrões, o que os torna adequados para o desenvolvimento de transístores da próxima geração com melhor desempenho e menor consumo de energia. Os nanofios são também utilizados para criar sensores altamente sensíveis e selectivos para a deteção de gases, produtos químicos e biomoléculas, com a sua elevada relação superfície/volume e propriedades sintonizáveis que permitem o desenvolvimento de nanosensores com tempos de resposta rápidos e elevada sensibilidade. Na captação de energia, os nanofios são utilizados em dispositivos como os nanogeradores piezoeléctricos e os geradores termoeléctricos para converter energia mecânica e térmica em energia eléctrica, com potenciais aplicações na alimentação de aparelhos electrónicos portáteis e de vestuário. Além disso, os nanofios são utilizados em fotodetectores e fotodíodos para melhorar a deteção da luz e a eficiência da conversão, tornando-os adequados para aplicações em sistemas de comunicação ótica e de imagiologia.

Os pontos quânticos e os nanofios estão na vanguarda da nanotecnologia, impulsionando os avanços na eletrónica, fotónica, energia e biomedicina. Os pontos quânticos, com as suas propriedades ópticas e electrónicas dependentes do tamanho, estão a revolucionar os ecrãs, as células solares, a imagiologia biomédica e a computação quântica. Os nanofios, com as suas propriedades eléctricas, ópticas e mecânicas únicas, estão a melhorar o desempenho de transístores, sensores, dispositivos de captação de energia e fotodetectores. O desenvolvimento e a integração contínuos de pontos quânticos e nanofios em várias aplicações realçam o impacto transformador da nanotecnologia na tecnologia moderna e sublinham o potencial para mais inovações nestes domínios.

**5.1.3 Eletrónica flexível:** A eletrónica flexível representa um avanço significativo no campo da nanotecnologia, oferecendo o potencial para revolucionar uma vasta gama de aplicações, desde a eletrónica de consumo aos cuidados de saúde. Estes dispositivos são construídos com materiais que podem ser dobrados, esticados e dobrados, mantendo a sua funcionalidade. Esta flexibilidade é conseguida através da integração de nanomateriais inovadores, como o grafeno, os nanotubos de carbono e os semicondutores orgânicos, que possuem propriedades eléctricas, mecânicas e térmicas excepcionais.

O grafeno, uma camada única de átomos de carbono dispostos numa estrutura hexagonal, é um dos materiais mais promissores para a eletrónica flexível devido à sua elevada condutividade eléctrica, resistência mecânica e flexibilidade. Os transístores e sensores à base de grafeno podem ser fabricados em substratos flexíveis, permitindo o desenvolvimento de dispositivos electrónicos flexíveis e extensíveis. Estes dispositivos podem ser utilizados em várias aplicações, incluindo ecrãs flexíveis, eletrónica vestível e smartphones dobráveis.

Os nanotubos de carbono (CNT), nanoestruturas cilíndricas feitas de folhas enroladas de grafeno, também desempenham um papel crucial na eletrónica flexível. Os CNT apresentam uma excelente condutividade eléctrica, elevada resistência à tração e flexibilidade, o que os torna ideais para utilização em transístores flexíveis, películas condutoras e sensores. Os transístores à base de CNT, por exemplo, podem ser impressos em substratos flexíveis, permitindo a criação de circuitos electrónicos que podem ser dobrados e esticados sem perder a funcionalidade.

Os semicondutores orgânicos são outro componente essencial da eletrónica flexível. Estes materiais, compostos por moléculas à base de carbono, oferecem várias vantagens, incluindo a produção a baixo custo, a flexibilidade mecânica e a capacidade de serem processados a baixas temperaturas. Os transístores orgânicos de efeito de campo (OFET) e os díodos orgânicos emissores de luz (OLED) são dois exemplos de dispositivos electrónicos flexíveis que tiram partido das propriedades dos semicondutores orgânicos. Os OFETs podem ser utilizados em ecrãs flexíveis e papel eletrónico, enquanto os OLEDs se encontram normalmente em ecrãs flexíveis e dobráveis.

A eletrónica flexível tem uma vasta gama de aplicações. Na eletrónica de consumo, os ecrãs flexíveis e os smartphones dobráveis estão a tornar-se cada vez mais populares, oferecendo maior durabilidade e novos formatos. A eletrónica vestível, como os rastreadores de fitness e o vestuário inteligente, beneficia da natureza leve e flexível destes materiais, proporcionando conforto e funcionalidade aos utilizadores. No sector da saúde, os sensores flexíveis e os dispositivos médicos portáteis permitem a monitorização contínua dos sinais vitais, oferecendo novas possibilidades para a medicina personalizada e os cuidados de saúde à distância.

Para além das aplicações de consumo e de cuidados de saúde, a eletrónica flexível está também a ser explorada para utilização na recolha e armazenamento de energia. Os painéis solares flexíveis e os dispositivos de armazenamento de energia podem ser integrados em vestuário, mochilas e outros artigos portáteis, fornecendo fontes de energia para dispositivos electrónicos em movimento. A integração de eletrónica flexível em várias superfícies e estruturas abre novas oportunidades para têxteis inteligentes, superfícies interactivas e sistemas de inteligência ambiente.

Em resumo, a eletrónica flexível, possibilitada pela nanotecnologia, está preparada para revolucionar várias indústrias, fornecendo dispositivos electrónicos leves, dobráveis e extensíveis. A integração de materiais como o grafeno, os nanotubos de carbono e os semicondutores orgânicos em substratos flexíveis permite o desenvolvimento de aplicações inovadoras em eletrónica de consumo, cuidados de saúde, energia e muito mais. À medida que a investigação e o desenvolvimento neste domínio continuam a progredir, o potencial da eletrónica flexível para transformar a vida quotidiana e as aplicações tecnológicas continua a ser vasto.

**5.2 Cuidados de saúde:** A nanotecnologia tem tido um impacto transformador nos cuidados de saúde, oferecendo soluções inovadoras para o diagnóstico, tratamento e prevenção de doenças. Ao permitir a manipulação de materiais a nível molecular e atómico, a nanotecnologia melhora a precisão, a eficácia e a personalização das intervenções médicas. Esta secção explora várias aplicações da nanotecnologia nos cuidados de saúde, centrando-se na administração de medicamentos, nas ferramentas de diagnóstico, na medicina regenerativa e nos dispositivos de saúde portáteis.

**5.2.1 Administração de medicamentos:** A nanotecnologia permite o desenvolvimento de sistemas avançados de administração de medicamentos que melhoram a eficácia e reduzem os efeitos secundários dos tratamentos. As nanopartículas podem ser concebidas para administrar medicamentos diretamente às células doentes, garantindo que os tecidos saudáveis são poupados e que o efeito terapêutico é maximizado. Por exemplo, os lipossomas e as nanopartículas poliméricas podem encapsular agentes quimioterapêuticos, melhorando a sua solubilidade e estabilidade, ao mesmo tempo que proporcionam uma libertação controlada no local-alvo. Os sistemas de administração de medicamentos orientados, como os que utilizam anticorpos ou ligandos para reconhecer e ligar receptores celulares específicos, permitem abordagens de medicina de precisão no tratamento de doenças como o cancro, doenças cardiovasculares e perturbações neurológicas.

**5.2.2 Ferramentas de diagnóstico:** As ferramentas de diagnóstico à escala nanométrica oferecem uma elevada sensibilidade e especificidade para a deteção de biomarcadores em concentrações muito baixas, permitindo a deteção precoce de doenças. Os pontos quânticos, as nanopartículas de ouro e as nanopartículas magnéticas são utilizados em vários ensaios de diagnóstico e técnicas de imagiologia. Os pontos quânticos, por exemplo, fornecem uma fluorescência brilhante e estável para aplicações de imagiologia, o que os torna úteis na deteção de células cancerígenas e no rastreio de processos biológicos a nível celular. As nanopartículas de ouro aumentam a sensibilidade dos biossensores utilizados na deteção de marcadores de doenças em amostras de sangue, urina ou saliva. As nanopartículas magnéticas são utilizadas na imagiologia por ressonância magnética (MRI) para melhorar o contraste das imagens, ajudando no diagnóstico exato de tumores e outras anomalias.

**5.2.3 Medicina regenerativa:** A nanotecnologia desempenha um papel crucial na medicina regenerativa ao desenvolver materiais que imitam a matriz extracelular natural, promovendo a reparação e a regeneração dos tecidos. Os nanomateriais são utilizados para criar suportes para a engenharia de tecidos, fornecendo uma estrutura de apoio para as células crescerem e se diferenciarem. Estes suportes podem ser concebidos para fornecer factores de crescimento e outras moléculas bioactivas que melhoram a regeneração dos tecidos. Nos implantes ósseos e dentários, as nanopartículas de vidro bioativo promovem a ligação dos implantes ao tecido circundante, melhorando a sua integração e longevidade. Além disso, a nanotecnologia é utilizada para desenvolver terapias com células estaminais, em que as nanopartículas podem ser utilizadas para seguir e guiar as células estaminais para locais de lesão, aumentando o seu potencial terapêutico.

**5.2.4 Dispositivos de saúde vestíveis:** Os dispositivos de saúde vestíveis, alimentados pela nanotecnologia, permitem a monitorização contínua de sinais vitais e parâmetros fisiológicos, oferecendo novas possibilidades para a medicina personalizada e os cuidados de saúde à distância. Os sensores flexíveis e a eletrónica, fabricados com nanomateriais como o grafeno e os nanotubos de carbono, podem ser integrados em dispositivos portáteis como smartwatches, adesivos e vestuário. Estes dispositivos podem monitorizar o ritmo cardíaco, a tensão arterial, os níveis de glicose e outros sinais vitais em tempo real, fornecendo dados valiosos para gerir doenças crónicas e melhorar a saúde em geral. Os dispositivos portáteis também facilitam a monitorização remota, permitindo que os prestadores de cuidados de saúde acompanhem o estado de saúde dos doentes e ajustem os tratamentos em conformidade, reduzindo a necessidade de visitas frequentes ao hospital.

**5.2.5 Tratamento do cancro:** A nanotecnologia revolucionou o tratamento do cancro ao proporcionar estratégias terapêuticas orientadas e eficazes. As nanopartículas podem ser concebidas para administrar agentes quimioterapêuticos diretamente às células tumorais, minimizando os danos nos tecidos saudáveis e reduzindo os efeitos secundários. A terapia fototérmica, que utiliza nanopartículas de ouro que convertem a luz em calor, pode destruir seletivamente as células cancerosas, poupando os tecidos saudáveis circundantes. Além disso, os materiais à escala nanométrica são utilizados no desenvolvimento de novas imunoterapias que melhoram a resposta imunitária do organismo contra as células cancerígenas.

**5.2.6 Engenharia de tecidos:** A nanotecnologia permite a criação de estruturas que suportam o crescimento e a diferenciação de células em tecidos funcionais. Estes suportes imitam a matriz extracelular natural, fornecendo as pistas necessárias para a regeneração dos tecidos. As nanofibras, os hidrogéis e outros nanomateriais são utilizados para a engenharia de tecidos como a pele, os ossos e a cartilagem, oferecendo soluções potenciais para a reparação ou substituição de tecidos e órgãos danificados.

**5.2.7 Nanobiossensores:** Os nanobiossensores são dispositivos altamente sensíveis e selectivos utilizados para detetar moléculas biológicas, agentes patogénicos e substâncias químicas. Estes sensores utilizam nanomateriais como os nanotubos de carbono, as nanopartículas de ouro e o grafeno para obter uma deteção rápida e precisa. As aplicações dos nanobiossensores incluem diagnósticos no local de prestação de cuidados, monitorização ambiental e testes de segurança alimentar.

**5.2.8 Tratamentos antimicrobianos:** Os nanomateriais, como as nanopartículas de prata, possuem fortes propriedades antimicrobianas e são utilizados para desenvolver tratamentos para infecções e para prevenir a contaminação bacteriana. Estas nanopartículas podem ser incorporadas em pensos para feridas, revestimentos para dispositivos médicos e outros produtos para reduzir o risco de infeção e promover a cura.

**5.2.9 Terapia génica:** A nanotecnologia facilita a terapia génica ao fornecer transportadores, tais como lipossomas e nanopartículas poliméricas, que podem introduzir material genético nas células. Esta abordagem tem o potencial de tratar doenças genéticas através da correção de genes defeituosos ou da introdução de novos genes que produzem proteínas terapêuticas.

A nanotecnologia está a revolucionar os cuidados de saúde, fornecendo soluções inovadoras para a administração de medicamentos, o diagnóstico, a medicina regenerativa e os dispositivos de saúde portáteis. A capacidade de manipular materiais à escala nanométrica permite a precisão, a eficácia e a personalização das intervenções médicas, melhorando os resultados para os doentes e fazendo avançar o domínio da medicina. À medida que a investigação e o desenvolvimento prosseguem, espera-se que o impacto da nanotecnologia nos cuidados de saúde aumente, oferecendo novas possibilidades para a prevenção, o diagnóstico e o tratamento de doenças.

**5.3 Energia:** A nanotecnologia está a desempenhar um papel transformador no sector da energia, oferecendo soluções inovadoras para melhorar a eficiência, a sustentabilidade e as capacidades de armazenamento dos sistemas energéticos. Através da manipulação de materiais à escala nanométrica, os investigadores estão a desenvolver materiais e dispositivos avançados que respondem à procura crescente de energia limpa e eficiente. Esta secção explora o impacto da nanotecnologia na energia fotovoltaica, nas baterias e supercapacitores, nas pilhas de combustível e noutras aplicações relacionadas com a energia.

**5.3.1 Fotovoltaica:** A nanotecnologia aumenta significativamente a eficiência das células fotovoltaicas, melhorando a absorção de luz, a separação de cargas e o transporte de cargas. Os pontos quânticos e os nanofios são utilizados para criar células solares com eficiências de conversão de energia mais elevadas. As células solares sensibilizadas por pontos quânticos (QDSSC) tiram partido das propriedades únicas dos pontos quânticos para captar um espetro mais amplo de luz solar, o que resulta numa maior eficiência de conversão de energia. Os materiais nanoestruturados, como o dióxido de titânio (TiO2) e os nanofios de silício, melhoram a área de superfície e a capacidade de captação de luz das células solares, aumentando ainda mais a sua eficiência. Além disso, as células solares de perovskite, que incorporam nanomateriais, registaram progressos notáveis em termos de eficiência e estabilidade, o que as torna uma tecnologia promissora para a captação de energia solar da próxima geração.

**5.3.2 Baterias e supercapacitores:** A nanotecnologia está a revolucionar o armazenamento de energia através do desenvolvimento de baterias e supercapacitores de elevado desempenho. Os eléctrodos nanoestruturados, como os fabricados a partir de grafeno, nanotubos de carbono (CNT) e nanopartículas de silício, oferecem uma maior área de superfície e melhores taxas de carga/descarga. Nas baterias de iões de lítio, os nanofios de silício são utilizados como ânodos para aumentar a densidade de energia e o ciclo de vida, ultrapassando as limitações dos ânodos de grafite tradicionais. Os eléctrodos à base de grafeno nos supercapacitores proporcionam uma elevada condutividade eléctrica e uma grande área de superfície, permitindo ciclos rápidos de carga e descarga. Estes avanços conduzem a dispositivos de armazenamento de energia com capacidades mais elevadas, tempos de carregamento mais rápidos e períodos de vida mais longos, tornando-os adequados para aplicações que vão desde a eletrónica portátil aos veículos eléctricos.

**5.3.3 Células de combustível:** A nanotecnologia aumenta a eficiência e a relação custo-eficácia das células de combustível, melhorando o desempenho dos catalisadores e dos materiais dos eléctrodos. Os nanocatalisadores, como as nanopartículas de platina e as estruturas metal-orgânicas (MOF), proporcionam uma área dc superfície elevada e uma atividade catalítica superior, reduzindo a quantidade de metais preciosos necessários. Estes catalisadores melhoram as reacções electroquímicas nas células de combustível, conduzindo a eficiências de conversão de energia mais elevadas. Além disso, os materiais nanoestruturados dos eléctrodos melhoram a durabilidade e a condutividade das pilhas de combustível, tornando-as mais viáveis para aplicações comerciais. As pilhas de combustível com base em nanotecnologias são utilizadas em várias aplicações, incluindo a produção de energia fixa, fontes de energia portáteis e transportes.

**5.3.4 Recolha de energia:** A nanotecnologia facilita o desenvolvimento de materiais e dispositivos avançados para a captação de energia, convertendo a energia ambiente em energia eléctrica utilizável. Os nanogeradores piezoeléctricos, que utilizam materiais como os nanofios de óxido de zinco (ZnO), convertem a energia mecânica das vibrações ou movimentos em energia eléctrica. Estes dispositivos são utilizados em eletrónica vestível, sensores e sistemas auto-alimentados. Os materiais termoeléctricos, que convertem calor em eletricidade, são melhorados através da nanoestruturação para aumentar a sua eficiência. Os nanomateriais, como o telureto de bismuto (Bi2Te3) e os nanocompósitos de silício-germânio (SiGe), são utilizados para criar geradores termoeléctricos para a recuperação de calor residual e sistemas de arrefecimento energeticamente eficientes.

**5.3.5 Produção e armazenamento de hidrogénio:** A nanotecnologia desempenha um papel crucial no avanço das tecnologias de produção e armazenamento de hidrogénio, que são essenciais para a economia do hidrogénio. Os nanocatalisadores melhoram a eficiência dos processos de separação da água, como a eletrólise e a fotocatálise, para produzir hidrogénio. As nanopartículas de platina e as nanofolhas de bissulfureto de molibdénio (MoS2) são exemplos de nanocatalisadores utilizados na produção de hidrogénio. Para o armazenamento de hidrogénio, nanomateriais como os hidretos metálicos, os nanotubos de carbono e o grafeno oferecem elevadas capacidades de armazenamento e uma cinética de adsorção/dessorção rápida, respondendo aos desafios de um armazenamento seguro e eficiente do hidrogénio.

**5.3.6 Recuperação avançada de petróleo:** A nanotecnologia é também utilizada na recuperação avançada de petróleo (EOR) para melhorar a extração de petróleo dos reservatórios. As nanopartículas, como a sílica e as nanopartículas revestidas com polímeros, são injectadas nos reservatórios para alterar a molhabilidade das superfícies das rochas, reduzir a tensão interfacial e aumentar a mobilidade do petróleo retido. Isto leva a um aumento das taxas de recuperação de petróleo e prolonga a vida produtiva dos campos petrolíferos.

**5.3.7 Catálise para as energias renováveis:** A nanotecnologia aumenta a eficiência dos catalisadores utilizados em processos de energias renováveis, como a produção de biocombustíveis e a captura de carbono. Os nanocatalisadores com elevada área de superfície e sítios activos adaptados melhoram a conversão da biomassa em biocombustíveis e facilitam a redução das emissões de dióxido de carbono através de processos catalíticos.

A nanotecnologia está a impulsionar avanços significativos no sector da energia, melhorando a eficiência, a sustentabilidade e as capacidades de armazenamento dos sistemas energéticos. Desde o aumento do desempenho das células fotovoltaicas e das baterias até ao avanço das células de combustível e das tecnologias de captação de energia, a nanotecnologia oferece soluções inovadoras para enfrentar o desafio energético global. medida que a investigação e o desenvolvimento neste domínio continuam a progredir, espera-se que o impacto da nanotecnologia nos sistemas energéticos aumente, contribuindo para um futuro energético mais sustentável e eficiente.

**5.4 Ciência ambiental:** A nanotecnologia está a dar contributos substanciais para a ciência ambiental, oferecendo soluções inovadoras para o controlo da poluição, a gestão de recursos e a monitorização ambiental. Através da manipulação de materiais à escala nanométrica, os investigadores estão a desenvolver tecnologias avançadas que aumentam a eficiência e a eficácia das medidas de proteção ambiental. Esta secção explora o impacto da nanotecnologia no tratamento da água, na purificação do ar, na deteção ambiental e na gestão de resíduos.

**5.4.1 Tratamento da água:** A nanotecnologia melhora os processos de tratamento da água, fornecendo soluções eficientes e económicas para a remoção de contaminantes da água. Os nanomateriais, como os nanotubos de carbono (CNT), o óxido de grafeno e as membranas nano-estruturadas, são utilizados para desenvolver sistemas de filtragem avançados. Estes materiais têm áreas de superfície elevadas e propriedades químicas únicas que lhes permitem adsorver eficazmente metais pesados, poluentes orgânicos e agentes patogénicos da água. As membranas de nanofiltração, por exemplo, podem remover contaminantes a nível molecular, mantendo uma elevada permeabilidade à água, o que as torna ideais para a dessalinização e o tratamento de águas residuais. Além disso, os nanomateriais fotocatalíticos como o dióxido de titânio (TiO2) são utilizados para degradar os poluentes orgânicos sob luz UV, melhorando ainda mais os processos de purificação da água.

**5.4.2 Purificação do ar:** A nanotecnologia fornece soluções inovadoras para melhorar a qualidade do ar através do desenvolvimento de materiais e dispositivos que capturam e neutralizam os poluentes. Os filtros de nanofibras, fabricados a partir de materiais como polímeros electrospun, oferecem áreas de superfície elevadas e poros de pequenas dimensões, permitindo-lhes capturar eficazmente partículas e agentes patogénicos transportados pelo ar. Os nanomateriais fotocatalíticos, como o TiO2 e o óxido de zinco (ZnO), podem degradar os compostos orgânicos voláteis (COV) e outros produtos químicos perigosos presentes no ar quando expostos à luz. Estes materiais são utilizados em purificadores de ar e revestimentos para edifícios e veículos, proporcionando um ambiente mais limpo e saudável. Além disso, os materiais nanoestruturados, como as estruturas metal-orgânicas (MOF), são explorados pela sua capacidade de capturar e armazenar dióxido de carbono (CO2), contribuindo para os esforços de mitigação das alterações climáticas.

**5.4.3 Deteção ambiental:** A nanotecnologia melhora a monitorização ambiental ao fornecer nanosensores altamente sensíveis e selectivos que podem detetar poluentes em concentrações muito baixas. Estes nanosensores utilizam nanomateriais como os CNT, as nanopartículas de ouro e os pontos quânticos para detetar contaminantes químicos e biológicos no ar, na água e no solo. Por exemplo, os sensores baseados em CNT podem detetar quantidades vestigiais de gases como o metano e o monóxido de carbono, enquanto os sensores baseados em nanopartículas de ouro são utilizados para detetar metais pesados e pesticidas na água. A elevada sensibilidade e os tempos de resposta rápidos destes nanosensores permitem a monitorização em tempo real das condições ambientais, possibilitando a deteção imediata e a remediação de situações de poluição.

**5.4.4 Gestão de resíduos:** A nanotecnologia oferece novas abordagens à gestão de resíduos, permitindo a reciclagem e a conversão de materiais residuais em produtos valiosos. Os nanocatalisadores, por exemplo, podem aumentar a eficiência das reacções químicas utilizadas nos processos de reciclagem, como a conversão de resíduos plásticos em combustíveis ou matérias-primas. Além disso, os nanomateriais podem ser utilizados para estabilizar e encapsular resíduos perigosos, evitando a libertação de substâncias tóxicas no ambiente. Por exemplo, as nanopartículas de ferro são utilizadas para remediar solos e águas subterrâneas contaminados, transformando poluentes nocivos em formas menos tóxicas através de reacções redox. Estas aplicações contribuem para práticas de gestão de resíduos mais sustentáveis e reduzem o impacto ambiental da eliminação de resíduos.

**5.4.5 Remediação de locais contaminados:** A nanotecnologia também é utilizada na remediação de locais contaminados, como solos e águas subterrâneas poluídas. As nanopartículas, como o ferro zero-valente (ZVI) e as nanopartículas bimetálicas, são injectadas em locais contaminados para degradar ou imobilizar poluentes através de reacções químicas. Estas nanopartículas podem decompor eficazmente hidrocarbonetos clorados, metais pesados e outras substâncias tóxicas, tornando-as inofensivas ou menos móveis. A elevada reatividade e a área de superfície das nanopartículas aumentam a eficiência destes processos de remediação, tornando-os mais eficazes do que os métodos tradicionais.

**5.4.6 Agricultura sustentável:** A nanotecnologia contribui para uma agricultura sustentável ao melhorar a eficiência dos fertilizantes e pesticidas, reduzindo o seu impacto ambiental. Os nanofertilizantes libertam nutrientes de forma controlada, minimizando a perda de nutrientes e melhorando a sua absorção pelas plantas. Os nanopesticidas oferecem uma aplicação direccionada, reduzindo a quantidade de produtos químicos necessários e minimizando os danos para os organismos não visados. Estes avanços promovem práticas agrícolas sustentáveis e reduzem a pegada ambiental da agricultura.

**5.4.7 Tecnologias ambientais eficientes do ponto de vista energético:** A nanotecnologia permite o desenvolvimento de tecnologias ambientais eficientes do ponto de vista energético, como os conversores catalíticos e as células de combustível, que reduzem as emissões e melhoram a qualidade do ar. Os nanocatalisadores aumentam a eficiência dos conversores catalíticos nos veículos, reduzindo a emissão de gases nocivos como os óxidos de azoto (NOx) e o monóxido de carbono (CO). As pilhas de combustível alimentadas por nanomateriais fornecem energia limpa com um impacto ambiental mínimo, contribuindo para a redução das emissões de gases com efeito de estufa.

A nanotecnologia está a dar passos significativos na ciência ambiental, fornecendo materiais e tecnologias avançadas para o tratamento da água, a purificação do ar, a deteção ambiental e a gestão de resíduos. As propriedades únicas dos nanomateriais permitem o desenvolvimento de soluções eficientes e eficazes para enfrentar os desafios ambientais. medida que a investigação e o desenvolvimento neste domínio continuam a avançar, prevê-se que a nanotecnologia venha a desempenhar um papel cada vez mais importante na promoção da sustentabilidade ambiental e na proteção dos recursos naturais.

**5.5 Ciência dos materiais:** A nanotecnologia está a revolucionar a ciência dos materiais, permitindo o desenvolvimento de materiais com propriedades inovadoras e desempenho superior. Ao manipular a matéria aos níveis atómico e molecular, a nanotecnologia proporciona um controlo sem precedentes sobre a estrutura e a composição dos materiais, conduzindo a avanços significativos em várias aplicações. Esta secção explora a forma como a nanotecnologia está a transformar a ciência dos materiais através do desenvolvimento de materiais leves e resistentes, materiais inteligentes, revestimentos avançados e tratamentos de superfície.

**5.5.1 Materiais leves e resistentes:** A nanotecnologia facilita a criação de materiais que são simultaneamente leves e excecionalmente fortes, o que é crucial para aplicações nas indústrias aeroespacial, automóvel e da construção. Os nanotubos de carbono (CNT) e o grafeno são dois nanomateriais conhecidos pelas suas excelentes propriedades mecânicas. Os CNT têm uma resistência à tração cerca de 100 vezes superior à do aço, sendo muito mais leves. São utilizados para reforçar materiais compósitos, aumentando significativamente a sua resistência e durabilidade sem aumentar o peso. O grafeno, uma camada única de átomos de carbono dispostos numa estrutura hexagonal, é conhecido pela sua notável resistência, flexibilidade e condutividade eléctrica. É utilizado no desenvolvimento de materiais compósitos e estruturais avançados que são simultaneamente resistentes e leves, oferecendo um melhor desempenho em várias aplicações de engenharia.

**5.5.2 Materiais inteligentes:** A nanotecnologia permite o desenvolvimento de materiais inteligentes que podem responder a estímulos externos, como a temperatura, a pressão, a luz e os campos eléctricos. Estes materiais têm aplicações em sensores, actuadores e sistemas adaptativos. As ligas e os polímeros com memória de forma são exemplos de materiais inteligentes que podem regressar à sua forma original após deformação, quando expostos a estímulos específicos. As nanopartículas e nanoestruturas podem ser incorporadas nestes materiais para aumentar a sua capacidade de reação e funcionalidade. Por exemplo, os materiais nanocompósitos podem alterar a sua condutividade eléctrica ou térmica em resposta a alterações ambientais, o que os torna ideais para utilização em materiais de construção adaptáveis e têxteis inteligentes.

**5.5.3 Revestimentos e tratamentos de superfície avançados:** A nanotecnologia é utilizada para desenvolver revestimentos e tratamentos de superfície avançados que conferem propriedades únicas, como anticorrosão, anti-incrustantes e auto-limpeza. Os revestimentos nanoestruturados podem constituir uma barreira contra os danos ambientais, prolongando o tempo de vida dos materiais e reduzindo os custos de manutenção. Por exemplo, os revestimentos que contêm nanopartículas de óxido de zinco ou dióxido de titânio oferecem uma excelente proteção UV e propriedades anticorrosivas, tornando-os ideais para utilização em estruturas exteriores e aplicações marítimas. Os revestimentos autolimpantes, inspirados no efeito lótus, utilizam a rugosidade à nanoescala para repelir a água e a sujidade, mantendo as superfícies limpas com o mínimo esforço. Estes revestimentos são utilizados em vidro, têxteis e fachadas de edifícios para manter a limpeza e reduzir a necessidade de agentes químicos de limpeza.

**5.5.4 Nanocompósitos:** Os nanocompósitos são materiais que incorporam cargas à escala nanométrica numa matriz para melhorar as suas propriedades mecânicas, térmicas e eléctricas. Estas cargas podem ser nanopartículas, nanotubos ou nanofolhas, e proporcionam melhorias significativas mesmo em baixas concentrações. Por exemplo, a adição de grafeno ou nanotubos de carbono a polímeros pode criar nanocompósitos com maior resistência, condutividade e estabilidade térmica. Estes materiais são utilizados em várias aplicações, incluindo eletrónica, componentes automóveis e estruturas aeroespaciais, onde é necessário um elevado desempenho e durabilidade.

**5.5.5 Catálise e processamento químico:** Os nanomateriais são amplamente utilizados como catalisadores no processamento químico devido à sua elevada área de superfície e propriedades electrónicas únicas. Os nanocatalisadores, como as nanopartículas de platina e as estruturas metal-orgânicas (MOF), são altamente eficientes na aceleração de reacções químicas, tornando os processos industriais mais eficientes em termos energéticos e amigos do ambiente. Estes catalisadores são utilizados numa grande variedade de aplicações, incluindo a refinação petroquímica, a síntese farmacêutica e a recuperação ambiental. A nanotecnologia também permite o desenvolvimento de fotocatalisadores para aplicações na purificação da água e na produção de hidrogénio, fornecendo soluções sustentáveis para o processamento químico.

**5.5.6 Armazenamento e conversão de energia:** A nanotecnologia desempenha um papel crucial no desenvolvimento de materiais avançados para armazenamento e conversão de energia. Os eléctrodos nanoestruturados em baterias e supercapacitores oferecem densidades de energia mais elevadas e taxas de carga/descarga mais rápidas. Por exemplo, os nanofios de silício utilizados como ânodos em baterias de iões de lítio melhoram significativamente a sua capacidade e ciclo de vida. Os nanomateriais, como os pontos quânticos e as perovskitas, são utilizados em células solares para aumentar a sua eficiência e capacidade de absorção de luz. Além disso, os catalisadores nanoestruturados em células de combustível melhoram o seu desempenho e reduzem a quantidade de metais preciosos necessários, tornando estas tecnologias mais viáveis para uma utilização generalizada.

**5.5.7 Aplicações biomédicas:** Os nanomateriais são amplamente utilizados em aplicações biomédicas devido à sua biocompatibilidade e capacidade de interagir com sistemas biológicos a nível molecular. As nanopartículas são utilizadas em sistemas de administração de medicamentos para transportar agentes terapêuticos diretamente para as células-alvo, melhorando a eficácia do tratamento e reduzindo os efeitos secundários. Os nanomateriais são também utilizados na imagiologia e no diagnóstico médico, proporcionando imagens de alta resolução e uma deteção sensível de marcadores de doenças. Na engenharia de tecidos, os nanomateriais são utilizados para criar suportes que promovem o crescimento celular e a regeneração de tecidos, oferecendo novas soluções para a reparação de tecidos e órgãos danificados.

A nanotecnologia está a impulsionar avanços significativos na ciência dos materiais, permitindo o desenvolvimento de materiais com propriedades e funcionalidades melhoradas. Materiais leves e resistentes, materiais inteligentes, revestimentos avançados e nanocompósitos são apenas alguns exemplos de como a nanotecnologia está a transformar este campo. Estes avanços têm implicações de grande alcance em várias indústrias, incluindo a aeroespacial, automóvel, construção, eletrónica, energia e cuidados de saúde. À medida que a investigação e o desenvolvimento em nanotecnologia continuam a progredir, o potencial para novas inovações na ciência dos materiais continua a ser vasto, prometendo revolucionar a forma como concebemos e utilizamos os materiais no futuro.

## 5.6 Questões e problemas de revisão

### 5.6.1 Perguntas de revisão

1. **Circuitos integrados e semicondutores:**
   1) Explique de que forma a litografia por feixe de electrões (EBL) é utilizada para criar padrões finos em circuitos integrados. Quais são as suas principais vantagens e limitações?
   2) Discuta o papel do grafeno e dos nanotubos de carbono na melhoria do desempenho dos transístores. Como é que estes materiais se comparam aos transístores tradicionais à base de silício?
   3) Descrever a arquitetura e as vantagens dos transístores de efeito de campo finos (FinFET) e dos FET Gate-All-Around (GAA).
2. **Pontos quânticos e nanofios:**
   1) Quais são as propriedades únicas dos pontos quânticos que os tornam adequados para aplicações em ecrãs e células solares?
   2) Explique como os nanofios podem ser utilizados para melhorar o desempenho de transístores e sensores. Que vantagens oferecem os dispositivos baseados em nanofios em relação aos dispositivos convencionais?
   3) Descreva o papel dos nanofios nos dispositivos de captação de energia. Como contribuem para a conversão de energia mecânica ou térmica em energia eléctrica?
3. **Eletrónica flexível:**
   1) Discutir a importância da eletrónica flexível e o papel de materiais como o grafeno e os nanotubos de carbono no seu desenvolvimento.
   2) Como é que os semicondutores orgânicos contribuem para o avanço da eletrónica flexível? Dê exemplos de aplicações para transístores orgânicos de efeito de campo (OFET) e díodos orgânicos emissores de luz (OLED).
   3) Explicar as potenciais aplicações da eletrónica flexível nos cuidados de saúde e nos dispositivos portáteis.

4. **Cuidados de saúde:**
    1) Como é que a nanotecnologia melhora os sistemas de administração de medicamentos? Dar exemplos de nanomateriais utilizados na administração de medicamentos específicos.
    2) Discutir as vantagens da utilização de pontos quânticos e nanopartículas de ouro em instrumentos de diagnóstico.
    3) Explicar de que forma a nanotecnologia contribui para a medicina regenerativa e para o desenvolvimento de suportes de engenharia de tecidos.
5. **Energia:**
    1) Descreva como a nanotecnologia melhora a eficiência das células fotovoltaicas. Que papel desempenham os pontos quânticos e os nanofios nesta melhoria?
    2) Explicar as vantagens da utilização de nanomateriais em baterias e supercondensadores. Como é que estes materiais melhoram as capacidades de armazenamento de energia?
    3) Discutir a utilização de nanocatalisadores nas pilhas de combustível. Como é que estes melhoram o desempenho e reduzem o custo das pilhas de combustível?
6. **Ciências do Ambiente:**
    1) Como é que os nanomateriais contribuem para processos avançados de tratamento da água? Dar exemplos de nanomateriais utilizados na filtração e na fotocatálise.
    2) Explicar o papel da nanotecnologia na purificação do ar. Como é que os filtros de nanofibras e os materiais fotocatalíticos melhoram a qualidade do ar?
    3) Discuta a aplicação dos nanosensores na monitorização ambiental. Que vantagens oferecem em relação aos sensores tradicionais?
7. **Ciência dos Materiais:**
    1) Descrever as vantagens da utilização de nano tubos de carbono e de grafeno no desenvolvimento de materiais leves e resistentes.
    2) Explicar como a nanotecnologia permite a criação de materiais inteligentes. Dar exemplos de materiais inteligentes e suas aplicações.
    3) Discutir o papel dos nanocompósitos na melhoria das propriedades dos

materiais. Em que é que os nanocompósitos diferem dos compósitos tradicionais?

**Problemas**

1. **Conceber um sistema de administração de medicamentos:** A sua tarefa é conceber um sistema de administração de fármacos baseado em nanopartículas para o tratamento do cancro. Descreva as principais considerações na seleção do nanomaterial e os mecanismos que utilizaria para atingir especificamente as células cancerígenas. Como asseguraria a libertação controlada do fármaco?
2. **Analisar a eficiência das células solares:** Uma célula solar incorpora pontos quânticos para melhorar a sua eficiência. Explique como analisaria a eficácia destes pontos quânticos para melhorar o desempenho da célula solar. Que medições e técnicas utilizaria para avaliar a absorção de luz, a separação de cargas e a eficiência global?
3. **Desenvolvimento de um sensor flexível:** Conceba um sensor flexível utilizando grafeno para monitorizar os níveis de glicose em doentes diabéticos. Descreva o processo de fabrico, o princípio de funcionamento do sensor e a forma como garantiria a sua precisão e fiabilidade num dispositivo vestível.
4. **Melhorar o tratamento da água:** Proponha uma solução baseada em nanotecnologia para a remoção de metais pesados de águas residuais industriais. Discuta a seleção de nanomateriais, o processo de tratamento e a forma como testaria a eficácia da sua solução.
5. **Criar um material inteligente:** Está a desenvolver um material inteligente que altera a sua condutividade eléctrica em resposta a alterações de temperatura. Descreva a composição e a estrutura do material, os mecanismos envolvidos na sua resposta e as potenciais aplicações para este material inteligente.
6. **Melhorar o desempenho da bateria:** Conceber uma bateria de iões de lítio com nanofios de silício como material do ânodo. Explique as vantagens da utilização de nanofios de silício, as melhorias esperadas no desempenho da bateria e os desafios que poderá enfrentar no fabrico e integração dos nanofios.
7. **Aplicação de deteção ambiental:** Desenvolver um nanosensor para detetar um poluente ambiental específico (por exemplo, chumbo na água). Descreva a conceção e o fabrico do sensor, o mecanismo de deteção e a forma de garantir a

sua sensibilidade e seletividade em condições reais.

# Capítulo 6 : Implicações éticas, jurídicas e sociais da nanotecnologia

O rápido avanço das nanotecnologias traz não só enormes benefícios científicos e tecnológicos, mas também implicações éticas, jurídicas e sociais significativas (ELSI). A abordagem destas implicações é crucial para garantir que a nanotecnologia se desenvolve de forma responsável e beneficia a sociedade no seu todo. Este capítulo explora vários aspectos das IELS no contexto da nanotecnologia, incluindo preocupações de segurança, impacto ambiental, questões de privacidade, desafios regulamentares e impactos sociais.

**6.1 Preocupações com a segurança:** O desenvolvimento e a aplicação da nanotecnologia suscitam preocupações de segurança únicas que devem ser abordadas para garantir o bem-estar dos trabalhadores, dos consumidores e do ambiente. Estas preocupações resultam principalmente das propriedades e comportamentos distintos dos nanomateriais, que diferem significativamente dos seus homólogos a granel. Os trabalhadores envolvidos na produção, manuseamento e transformação de nanomateriais enfrentam riscos potenciais de exposição devido à sua pequena dimensão e elevada reatividade, que podem levar à inalação, ingestão ou absorção dérmica. A inalação de nanopartículas pode causar problemas respiratórios e efeitos sistémicos à medida que as partículas se translocam para outros órgãos, enquanto a ingestão ou a exposição cutânea podem também representar riscos para a saúde. Garantir protocolos de segurança, equipamento de proteção e formação adequados para os trabalhadores das indústrias nanotecnológicas é essencial para mitigar estes riscos. Para além disso, a nanotecnologia está cada vez mais integrada em produtos de consumo, tais como cosméticos, embalagens de alimentos, têxteis e dispositivos médicos. Embora estes produtos ofereçam um melhor desempenho e funcionalidade, também suscitam preocupações de segurança devido à possibilidade de as nanopartículas penetrarem nas barreiras biológicas e interagirem com os processos celulares. São necessários testes rigorosos e uma supervisão regulamentar para garantir que os produtos enriquecidos com nanotecnologia são seguros para os consumidores. As agências reguladoras estabeleceram directrizes para avaliar a segurança dos nanomateriais, centrando-se na avaliação da toxicidade e da exposição e na realização de avaliações de risco abrangentes. O impacto ambiental dos nanomateriais também exige uma análise cuidadosa, especialmente no que respeita à sua eliminação e potencial acumulação nos ecossistemas. As nanopartículas podem entrar na água, no solo e no ar por várias vias, afectando potencialmente a vida selvagem e perturbando o equilíbrio ecológico. A promoção de práticas sustentáveis no desenvolvimento e utilização da nanotecnologia, tais como a utilização de recursos renováveis e a minimização dos resíduos, é essencial para reduzir o impacto ambiental. A monitorização ambiental, a avaliação dos riscos e o desenvolvimento de orientações para a eliminação e gestão seguras dos resíduos de nanomateriais são fundamentais para a proteção da saúde ecológica. Ao abordar estas questões de segurança de forma proactiva, as partes interessadas podem promover o avanço seguro e sustentável da nanotecnologia, garantindo os seus benefícios e minimizando os potenciais riscos.

**6.2 Impacto ambiental:** O impacto ambiental das nanotecnologias é um aspeto crítico, que abrange os efeitos dos nanomateriais nos ecossistemas, a sustentabilidade das práticas nanotecnológicas e as medidas necessárias para atenuar os riscos potenciais. Uma das principais preocupações é a eliminação e a acumulação de nanomateriais no ambiente. As nanopartículas podem entrar na água, no solo e no ar através de descargas industriais, da degradação de produtos de consumo e de derrames acidentais. Uma vez no ambiente, as nanopartículas podem interagir com organismos biológicos, causando potencialmente efeitos tóxicos. Por exemplo, sabe-se que algumas nanopartículas metálicas, como a prata e o óxido de zinco, são tóxicas para os organismos aquáticos, afectando o seu crescimento, reprodução e sobrevivência. Compreender o destino ambiental e o transporte dos nanomateriais é crucial para avaliar o seu impacto ecológico. Factores como a dimensão, a forma, a carga superficial e o estado de agregação das partículas influenciam o comportamento e a mobilidade das nanopartículas no ambiente. É necessária investigação para elucidar o modo como os nanomateriais interagem com as matrizes ambientais, sofrem transformações e persistem em diferentes ecossistemas.

A promoção de práticas sustentáveis no desenvolvimento e utilização da nanotecnologia é essencial para reduzir o impacto ambiental. Isto inclui a utilização de recursos renováveis, a minimização dos resíduos e o desenvolvimento de métodos de síntese ecológicos para os nanomateriais. Os investigadores e as indústrias devem trabalhar em conjunto para implementar abordagens ecológicas à nanotecnologia. Por exemplo, o desenvolvimento de nanomateriais biodegradáveis ou que possam ser facilmente reciclados poderia atenuar os potenciais riscos ambientais. Além disso, é importante para a sustentabilidade garantir que os próprios processos de produção sejam eficientes do ponto de vista energético e produzam o mínimo de resíduos.

Para proteger a saúde ambiental, devem ser estabelecidos quadros regulamentares para monitorizar e controlar a libertação de nanomateriais. Os programas de monitorização ambiental são essenciais para acompanhar a presença e as concentrações de nanomateriais no ar, na água e no solo. A realização de avaliações de risco ecológico é crucial para avaliar os potenciais impactos dos nanomateriais nos ecossistemas e na vida selvagem. Estas avaliações ajudam a identificar quais os nanomateriais que representam riscos significativos e em que condições. O desenvolvimento de directrizes e normas para a eliminação e gestão seguras dos resíduos de nanomateriais é outro aspeto crítico da minimização da contaminação ambiental. Essa regulamentação deve abranger todo o ciclo de vida dos nanomateriais, desde a produção até à eliminação.

Em resumo, a abordagem do impacto ambiental da nanotecnologia implica a compreensão do comportamento dos nanomateriais no ambiente, a promoção de práticas sustentáveis e a implementação de medidas regulamentares sólidas. Ao fazê-lo, podemos aproveitar os benefícios das nanotecnologias, assegurando simultaneamente a proteção dos ecossistemas e promovendo a sustentabilidade. Estes esforços ajudarão a mitigar os potenciais riscos associados à utilização generalizada de nanomateriais e contribuirão para um futuro mais seguro e sustentável.

**6.3 Questões de privacidade:** A integração da nanotecnologia em vários domínios, em especial nos cuidados de saúde e na eletrónica de consumo, levanta questões de privacidade significativas que devem ser cuidadosamente geridas para proteger as informações pessoais dos indivíduos e respeitar os padrões éticos. Uma das principais preocupações é a segurança dos dados, especialmente com a utilização generalizada de sensores à nanoescala e dispositivos portáteis que recolhem, armazenam e transmitem dados pessoais sensíveis. Estes dispositivos, frequentemente utilizados para monitorizar métricas de saúde como o ritmo cardíaco, os níveis de glicose e a atividade física, geram uma grande quantidade de informação que pode ser utilizada indevidamente se não for devidamente protegida. Garantir uma encriptação de dados robusta, protocolos de comunicação seguros e políticas de privacidade rigorosas é essencial para evitar o acesso não autorizado e as violações de dados. Outra questão crítica é o potencial de aumento da vigilância possibilitado pela nanotecnologia. Sensores e câmaras avançados à nanoescala podem ser incorporados em vários ambientes, incluindo espaços públicos e privados, para monitorizar actividades com elevada precisão. Embora estas tecnologias possam aumentar a segurança e fornecer informações valiosas para a segurança pública, também suscitam preocupações éticas relativamente à vigilância e à invasão da privacidade. Equilibrar os benefícios de uma segurança reforçada com a proteção dos direitos individuais é um desafio ético complexo que exige uma análise cuidadosa e políticas transparentes.

Além disso, os dados recolhidos por dispositivos equipados com nanotecnologias podem suscitar preocupações significativas em termos de privacidade se forem partilhados ou vendidos sem o consentimento explícito do utilizador. Por exemplo, os dados de saúde recolhidos por dispositivos portáteis podem ser partilhados com terceiros, como companhias de seguros ou empregadores, o que pode levar à discriminação ou à utilização não autorizada de informações pessoais. Regulamentos como o Regulamento Geral de Proteção de Dados (RGPD) na Europa fornecem estruturas para a proteção de dados pessoais, mas garantir a conformidade e enfrentar os desafios únicos colocados pela nanotecnologia requer uma vigilância e adaptação contínuas destes regulamentos.

Para além das medidas regulamentares, é necessário sensibilizar e educar o público para as implicações das nanotecnologias na privacidade. Os utilizadores devem ser informados sobre os dados que estão a ser recolhidos, a forma como estão a ser utilizados e as medidas em vigor para proteger a sua privacidade. A comunicação transparente e o consentimento informado são fundamentais para criar confiança e garantir que os indivíduos se sintam confortáveis com a utilização da nanotecnologia na sua vida quotidiana.

As considerações éticas relacionadas com a privacidade na nanotecnologia estendem-se também às práticas de investigação. Os investigadores devem aderir a directrizes éticas que respeitem a privacidade e a confidencialidade dos participantes, especialmente quando realizam estudos que envolvem sujeitos humanos. As comissões de análise institucional (IRB) e os comités de ética desempenham um papel crucial na supervisão dos protocolos de investigação para garantir que as questões de privacidade são adequadamente abordadas.

Em resumo, a integração das nanotecnologias nos cuidados de saúde, na eletrónica de consumo e noutros domínios acarreta questões de privacidade significativas que devem ser geridas através de medidas sólidas de segurança dos dados, de considerações éticas em matéria de vigilância, de políticas transparentes e de quadros regulamentares. A proteção das informações pessoais dos indivíduos e a garantia de um consentimento informado são fundamentais para promover a confiança e permitir o desenvolvimento e a aplicação responsáveis da nanotecnologia. medida que a tecnologia continua a evoluir, serão essenciais esforços contínuos para resolver os problemas de privacidade, a fim de maximizar os benefícios da nanotecnologia e, ao mesmo tempo, salvaguardar os direitos individuais.

**6.4 Desafios regulamentares:** O rápido desenvolvimento das nanotecnologias coloca desafios regulamentares significativos que devem ser abordados para garantir a integração segura e efectiva dos nanomateriais e dos produtos baseados em nanotecnologias na sociedade. Um dos principais desafios é a necessidade de métodos de ensaio normalizados e de quadros regulamentares. As propriedades únicas dos nanomateriais, como a sua pequena dimensão, elevada área de superfície e reatividade, exigem abordagens especializadas para avaliar com precisão a sua segurança e eficácia. O desenvolvimento de normas internacionalmente aceites para a caraterização, ensaio e regulamentação dos nanomateriais é essencial, incluindo a normalização de métodos para medir a dimensão das partículas, a área de superfície, a composição química e as interacções biológicas. A realização de avaliações de risco exaustivas para aplicações nanotecnológicas também é fundamental. Os modelos tradicionais de avaliação de riscos podem não ser adequados para os nanomateriais devido às suas propriedades e comportamentos únicos, sendo necessário o desenvolvimento de metodologias de avaliação de riscos fiáveis e reprodutíveis adaptadas aos nanomateriais. Estas metodologias devem considerar várias vias de exposição e o potencial de acumulação dos nanomateriais no ambiente e nos organismos, avaliando de forma exaustiva a toxicidade, o impacto ambiental e os efeitos a longo prazo.

Os quadros regulamentares devem adaptar-se ao ritmo acelerado do desenvolvimento das nanotecnologias, actualizando a regulamentação de modo a incluir disposições específicas para os nanomateriais, tais como requisitos de rotulagem, protocolos de ensaio de segurança e orientações para o manuseamento e eliminação seguros. Estes quadros devem ser suficientemente flexíveis para acomodar futuros avanços no domínio das nanotecnologias. A colaboração internacional é crucial, uma vez que a nanotecnologia é uma indústria global. A harmonização de regulamentos entre países pode facilitar o comércio, aumentar a segurança e promover a inovação. Organizações internacionais como a Organização Internacional de Normalização (ISO) e a Organização para a Cooperação e Desenvolvimento Económico (OCDE) desempenham um papel crucial na promoção da colaboração e no desenvolvimento de normas globais para os nanomateriais. Uma regulamentação eficaz das nanotecnologias exige o envolvimento de um vasto leque de partes interessadas, incluindo cientistas, representantes da indústria, decisores políticos e o público em geral. O envolvimento das partes interessadas garante que diversas perspectivas sejam consideradas no processo de regulamentação e ajuda a criar confiança do público na nanotecnologia. A comunicação transparente sobre os riscos e benefícios da nanotecnologia é essencial para promover a tomada de decisões informadas e a aceitação do público. Além disso, os quadros regulamentares devem abordar as considerações éticas e sociais associadas à nanotecnologia, garantindo um acesso equitativo aos seus benefícios, protegendo a privacidade individual e evitando a potencial utilização indevida de nanomateriais. À medida que a nanotecnologia continua a avançar, é provável que surjam novos desafios regulamentares, tais como o desenvolvimento de novos nanomateriais com propriedades sem precedentes e novas aplicações em domínios como a medicina e a agricultura. As agências reguladoras devem manter-se vigilantes e proactivas na identificação e abordagem destas questões emergentes, garantindo que os quadros regulamentares evoluem a par dos avanços tecnológicos. Ao abordar estes desafios de forma proactiva, os reguladores podem promover o desenvolvimento responsável da nanotecnologia e maximizar os seus benefícios, minimizando os potenciais riscos.

**6.5 Impactos sociais:** Os impactos sociais da nanotecnologia são profundos e multifacetados, afectando vários aspectos da vida quotidiana, estruturas económicas e considerações éticas. Um impacto significativo é o potencial da nanotecnologia para exacerbar as desigualdades sociais e económicas existentes. Os benefícios da nanotecnologia, como os tratamentos médicos avançados, os dispositivos electrónicos aperfeiçoados e as tecnologias ambientais melhoradas, poderão estar acessíveis principalmente às regiões ricas e desenvolvidas, deixando as comunidades menos abastadas em desvantagem. Garantir o acesso equitativo a estes avanços é um desafio crítico que exige políticas e iniciativas específicas para promover a colaboração e a acessibilidade globais.

A perceção e aceitação das nanotecnologias pelo público também desempenham um papel crucial no seu desenvolvimento e implementação. A desinformação e a falta de sensibilização podem levar à resistência do público e impedir o progresso. O contacto com o público através da educação, da comunicação transparente e do envolvimento nos processos de tomada de decisão é vital para criar confiança e promover opiniões informadas sobre a nanotecnologia. A compreensão por parte do público dos riscos e benefícios associados às nanotecnologias pode influenciar as políticas regulamentares e a aceitação pelo mercado de produtos com nanotecnologias.

As considerações éticas na investigação e aplicação são primordiais para abordar os impactos sociais. Os investigadores devem aderir a directrizes éticas, garantindo que o seu trabalho não causa danos e que os potenciais benefícios e riscos são cuidadosamente ponderados. Os comités de análise ética e a supervisão institucional são necessários para manter os padrões éticos na investigação em nanotecnologia. Isto inclui considerações sobre a utilização da nanotecnologia no melhoramento humano, preocupações com a privacidade relacionadas com tecnologias de vigilância à escala nanométrica e os potenciais impactos ambientais dos nanomateriais.

A integração das nanotecnologias em várias indústrias tem também implicações económicas significativas. Pode impulsionar a inovação e criar novos mercados, conduzindo potencialmente à criação de emprego e ao crescimento económico. No entanto, pode também perturbar as indústrias e os mercados de trabalho existentes. Por exemplo, os avanços na nanotecnologia podem levar ao desenvolvimento de processos de fabrico mais eficientes, reduzindo potencialmente a procura de empregos tradicionais na indústria transformadora. Os decisores políticos devem antecipar estas mudanças e desenvolver estratégias para atenuar os impactos económicos negativos, tais como investir em programas de reciclagem da força de trabalho e apoiar as indústrias em transição.

No sector da saúde, a nanotecnologia promete melhorias significativas no diagnóstico, tratamento e administração de medicamentos. No entanto, estes avanços também levantam questões éticas e sociais. Por exemplo, quem terá acesso a tratamentos nanomédicos de ponta e qual será o preço desses tratamentos? Para responder a estas questões, é necessário criar sistemas justos e transparentes de acesso aos cuidados de saúde e de acessibilidade económica.

A nanotecnologia também tem potencial para contribuir significativamente para a sustentabilidade ambiental. As inovações neste domínio podem conduzir a uma produção de energia mais limpa, a uma gestão mais eficiente dos resíduos e a um melhor controlo da poluição. No entanto, os impactos ambientais do fabrico e eliminação de nanomateriais devem ser cuidadosamente geridos para evitar danos não intencionais nos ecossistemas. Tal implica o desenvolvimento de métodos de síntese ecológicos, a promoção da reciclagem e reutilização de nanomateriais e a criação de quadros regulamentares sólidos para monitorizar e controlar os impactos ambientais. Em resumo, os impactos societais das nanotecnologias são extensos e complexos, abrangendo questões de equidade, perceção pública, práticas de investigação éticas, implicações económicas, acesso a cuidados de saúde e sustentabilidade ambiental. A abordagem destes impactos exige uma abordagem abrangente e colaborativa, envolvendo decisores políticos, investigadores, líderes da indústria e o público. Ao gerir proactivamente estes impactos sociais, podemos garantir que a nanotecnologia se desenvolve de forma a maximizar os seus benefícios, minimizando os potenciais riscos e preocupações éticas, contribuindo, em última análise, para um futuro mais equitativo e sustentável.

**6.6 Resumo:** As implicações éticas, jurídicas e sociais da nanotecnologia são considerações críticas que devem ser abordadas para garantir o seu desenvolvimento responsável e a sua aceitação pela sociedade. As preocupações com a segurança dos trabalhadores e dos consumidores, o impacto ambiental, as questões de privacidade, os desafios regulamentares e os impactos sociais são áreas que exigem uma atenção cuidada e medidas proactivas. Ao abordar estas implicações, as partes interessadas podem promover o avanço seguro, equitativo e sustentável da nanotecnologia, assegurando que os seus benefícios são realizados, minimizando simultaneamente os potenciais riscos e consequências negativas. À medida que a nanotecnologia continua a evoluir, o diálogo e a colaboração contínuos entre cientistas, decisores políticos, indústria e público serão essenciais para navegar no complexo panorama das questões éticas, legais e sociais.

# Capítulo 7 : Direcções futuras da nanotecnologia

O domínio da nanotecnologia continua a evoluir rapidamente, oferecendo possibilidades interessantes para futuros avanços em vários sectores. À medida que a investigação progride, espera-se que a integração da nanotecnologia na vida quotidiana se torne mais profunda, impulsionando inovações que abordem alguns dos desafios globais mais prementes. Este capítulo explora as potenciais direcções futuras da nanotecnologia, centrando-se em áreas como os cuidados de saúde, a energia, a sustentabilidade ambiental, a ciência dos materiais e outras.

## 7.1 Cuidados de saúde

**Medicina personalizada:** A nanotecnologia está destinada a revolucionar a medicina personalizada, permitindo tratamentos adaptados a perfis genéticos individuais. Os nanomateriais avançados podem fornecer medicamentos diretamente às células-alvo, minimizando os efeitos secundários e melhorando a eficácia. Por exemplo, prevê-se que o mercado global da nanomedicina atinja 350,8 mil milhões de dólares até 2025, o que reflecte o investimento e o crescimento significativos neste domínio. O desenvolvimento de ferramentas de diagnóstico à nanoescala, como os biossensores baseados em pontos quânticos, permitirá a deteção precoce de doenças a nível molecular, conduzindo a intervenções mais eficazes e atempadas.

**Medicina regenerativa:** Os futuros avanços na nanotecnologia irão provavelmente melhorar a medicina regenerativa, oferecendo novas soluções para a engenharia de tecidos e a regeneração de órgãos. Os suportes nanoestruturados, concebidos para imitar a matriz extracelular natural, apoiarão o crescimento e a diferenciação das células estaminais, conduzindo potencialmente a avanços na reparação ou substituição de tecidos e órgãos danificados. Prevê-se que o mercado da nanotecnologia na medicina regenerativa cresça a uma taxa de crescimento anual composta (CAGR) de 14,2% de 2020 a 2027.

**Nanorrobótica:** Os nanorrobôs, capazes de navegar através do corpo humano para executar tarefas médicas precisas, são uma área promissora de investigação futura. Estes dispositivos minúsculos podem ser utilizados para a administração de medicamentos específicos, cirurgias minimamente invasivas e monitorização em tempo real das condições fisiológicas, melhorando significativamente os resultados dos pacientes. Prevê-se que o mercado global de nanorrobótica cresça de 6,8 mil milhões de dólares em

2021 para 11,4 mil milhões de dólares em 2026.

### 7.2 Energia

**Células solares da próxima geração:** As nanotecnologias desempenharão um papel fundamental no desenvolvimento de células solares mais eficientes e económicas. Inovações como as células solares de perovskite,

que incorporam nanomateriais para melhorar a absorção da luz e a eficiência da conversão de energia, deverão impulsionar o futuro das energias renováveis. Estes avanços poderão levar à adoção generalizada da energia solar, reduzindo a dependência dos combustíveis fósseis e mitigando as alterações climáticas. Prevê-se que o mercado das células solares de perovskite cresça de 1,2 mil milhões de dólares em 2020 para 3,8 mil milhões de dólares em 2026, com eficiências superiores a 25% em laboratório.

**Armazenamento de energia:** As futuras soluções de armazenamento de energia beneficiarão da nanotecnologia através do desenvolvimento de baterias e supercapacitores de elevada capacidade. Os materiais nanoestruturados, como os nanofios de silício e o grafeno, permitirão baterias com densidades de energia mais elevadas, tempos de carregamento mais rápidos e períodos de vida mais longos. Estas melhorias serão cruciais para a adoção generalizada de veículos eléctricos e para a integração de fontes de energia renováveis na rede eléctrica. Prevê-se que o mercado global de nanomateriais para armazenamento de energia atinja 5,8 mil milhões de dólares em 2025.

**Economia do hidrogénio:** As nanotecnologias contribuirão para o avanço da economia do hidrogénio, melhorando a produção, o armazenamento e a utilização do hidrogénio. Os nanocatalisadores aumentarão a eficiência dos processos de separação da água, enquanto os nanomateriais avançados proporcionarão soluções seguras e eficientes de armazenamento de hidrogénio. Estes desenvolvimentos apoiarão a transição para um futuro energético limpo e sustentável. Prevê-se que o mercado de produção de hidrogénio, incluindo as aplicações nanotecnológicas, cresça de 130 mil milhões de dólares em 2020 para 201 mil milhões de dólares em 2025.

### 7.3 Sustentabilidade ambiental

**Purificação da água:** As futuras aplicações nanotecnológicas melhorarão os processos de purificação e dessalinização da água. Os nanomateriais, como os nanotubos de carbono e o óxido de grafeno, serão utilizados para desenvolver sistemas de filtragem avançados que removam eficazmente os contaminantes e os agentes patogénicos da água, proporcionando o acesso a água potável em regiões carenciadas. Prevê-se que o mercado global de purificação da água, impulsionado pela nanotecnologia, cresça para 50 mil milhões de dólares até 2027.

**Controlo da poluição atmosférica:** As nanotecnologias continuarão a melhorar a qualidade do ar através do desenvolvimento de tecnologias mais eficazes de filtragem e purificação do ar. Os catalisadores à escala nanométrica e os materiais fotocatalíticos degradarão os poluentes nocivos, como os compostos orgânicos voláteis (COV) e as partículas, reduzindo o seu impacto na saúde humana e no ambiente. Prevê-se que o mercado da purificação do ar, incorporando a nanotecnologia, atinja 29 mil milhões de dólares até 2026.

**Remediação ambiental:** A nanotecnologia oferecerá soluções inovadoras para a recuperação ambiental, abordando questões como a contaminação do solo e das águas subterrâneas. As nanopartículas, como o ferro zero-valente, serão utilizadas para degradar ou imobilizar poluentes, recuperando locais contaminados e protegendo os ecossistemas. Prevê-se que o mercado das aplicações de nanotecnologia ambiental cresça significativamente, prevendo-se que os investimentos em tecnologias de nanoremediação excedam os 500 milhões de dólares até 2025.

### 7.4 Ciência dos materiais

**Materiais inteligentes:** O desenvolvimento de materiais inteligentes que possam responder a estímulos externos, como a temperatura, a pressão e a luz, será um ponto fulcral da futura investigação em nanotecnologia. Estes materiais terão aplicações em vários domínios, incluindo a robótica, a indústria aeroespacial e a eletrónica de consumo, permitindo a criação de dispositivos adaptáveis e multifuncionais. Prevê-se que o mercado de materiais inteligentes cresça de 47,6 mil milhões de dólares em 2020 para 98,2 mil milhões de dólares em 2025.

**Materiais leves e resistentes:** Os futuros avanços na nanotecnologia continuarão a produzir materiais que são simultaneamente leves e resistentes, revolucionando indústrias como a aeroespacial e a automóvel. Os nanocompósitos e as ligas avançadas proporcionarão propriedades mecânicas superiores ao mesmo tempo que reduzem o peso, conduzindo a sistemas de transporte mais eficientes e sustentáveis. Prevê-se que o mercado global de nanocompósitos atinja 7,3 mil milhões de dólares em 2025.

**Impressão 3D:** As nanotecnologias melhorarão as tecnologias de impressão 3D, permitindo a utilização de nanomateriais avançados com propriedades únicas. Isto permitirá o fabrico de estruturas complexas com uma precisão e funcionalidade sem precedentes, abrindo novas possibilidades no fabrico, na medicina e não só. Prevê-se que o mercado da impressão 3D, reforçado pela nanotecnologia, cresça de 12,6 mil milhões de dólares em 2020 para 51,8 mil milhões de dólares em 2026.

### 7.5 Para além das aplicações tradicionais

**Computação quântica:** A nanotecnologia será fundamental para o desenvolvimento da computação quântica, que promete revolucionar o processamento da informação e a capacidade de resolução de problemas. Os componentes à nanoescala, como os pontos quânticos e os nanofios, serão utilizados para criar qubits, as unidades fundamentais da informação quântica, permitindo a construção de computadores quânticos potentes. Prevê-se que o mercado global da computação quântica atinja 65 mil milhões de dólares até 2030.

**Exploração espacial:** O futuro da exploração espacial beneficiará da nanotecnologia através do desenvolvimento de materiais leves e duráveis, sistemas de propulsão avançados e sensores à nanoescala. Estas inovações melhorarão o desempenho e a eficiência das naves espaciais, apoiando missões a longo prazo e a exploração de planetas distantes. Prevê-se que os investimentos em nanotecnologia espacial cresçam à medida que as agências espaciais e as empresas privadas continuem a alargar os limites da exploração.

**Agricultura:** A nanotecnologia desempenhará um papel crucial no avanço das práticas agrícolas, desenvolvendo ferramentas agrícolas de precisão, melhorando o rendimento das culturas e reduzindo o impacto ambiental. Os nanopesticidas e nanofertilizantes fornecerão nutrientes e proteção específicos, enquanto os nanosensores monitorizarão a saúde do solo e das plantas em tempo real. Prevê-se que o mercado global da nanotecnologia agrícola atinja 1,5 mil milhões de dólares em 2025.

### 7.6 Resumo

As futuras direcções da nanotecnologia são vastas e variadas, prometendo avanços significativos em numerosos domínios. Desde a medicina personalizada e a energia renovável até à sustentabilidade ambiental e à computação quântica, a nanotecnologia continuará a impulsionar a inovação e a enfrentar desafios globais. À medida que a investigação e o desenvolvimento progridem, é essencial considerar as implicações éticas, legais e sociais destas tecnologias, assegurando que os seus benefícios são realizados de forma responsável e equitativa. Ao promover a colaboração entre cientistas, decisores políticos, líderes da indústria e o público, podemos navegar no complexo panorama da nanotecnologia e aproveitar o seu potencial para criar um futuro melhor para todos.

# Referências


- Poole, C. P., & Owens, F. J. (2003). Introduction to Nanotechnology. John Wiley & Sons.
- Cao, G. (2004). Nanoestruturas e nanomateriais: Synthesis, Properties, and Applications. Imperial College Press.
- Murday, J. S., Siegel, R. W., Stein, J., & Wright, J. F. (2009). Nanomedicina translacional: avaliação do estado e oportunidades. Nanomedicina: Nanotechnology, Biology, and Medicine, 5(3), 251-273.
- Roco, M. C., Mirkin, C. A., & Hersam, M. C. (2010). Nanotechnology Research Directions for Societal Needs in 2020 (Direcções de Investigação em Nanotecnologia para as Necessidades da Sociedade em 2020). Springer.
- Bhushan, B. (Ed.). (2010). Springer Handbook of Nanotechnology. Springer.

# Biografia dos autores

**O Dr. Aloke Verma** é um distinto professor e investigador no domínio da Física, com especial incidência na Ciência dos Materiais e na Física Teórica. Com mais de 13 anos de serviço dedicado no meio académico, o Dr. Verma deu contributos significativos para a compreensão e o desenvolvimento de células solares de elevada eficiência e de materiais de luminescência. Atualmente, é Diretor do Departamento de Física da Universidade de Kalinga, Naya Raipur, Chhattisgarh.

O Dr. Verma tem um doutoramento em Física pela Universidade de Kalinga, um mestrado em Física pela Universidade Dr. C. V. Raman e um mestrado em Física pela Universidade Pt. Ravishankar Shukla University. Os seus interesses de investigação incluem a síntese e a caraterização de células solares de perovskite, materiais dieléctricos e física avançada da matéria condensada.

Ao longo da sua carreira, o Dr. Verma publicou 55 artigos de investigação em revistas nacionais e internacionais de renome, é autor de 5 livros e contribuiu para 8 capítulos de livros. Apresentou o seu trabalho em numerosas conferências e seminários, obtendo reconhecimento pela sua excelência académica e contribuições para a área. O Dr. Verma também fez parte do conselho editorial de várias revistas científicas e tem sido um revisor ativo de várias publicações.

Para além da sua investigação, o Dr. Verma é apaixonado pelo ensino e pela orientação da próxima geração de cientistas. Supervisionou numerosos estudantes de doutoramento e de pós-graduação, orientando-os nos seus projectos de investigação e ajudando-os a atingir os seus objectivos académicos. O seu empenho no sucesso dos estudantes e métodos de ensino inovadores valeram-lhe vários prémios, incluindo o prémio de melhor professor pelo Shri Rawatpura Sarkar Group of Institutions e pela Society for Learning Technologies.

A vasta experiência do Dr. Verma na conceção de programas curriculares, programas de desenvolvimento do corpo docente e investigação interdisciplinar fazem dele uma mais-valia para a comunidade académica. Continua a impulsionar os avanços nas tecnologias de energias renováveis e práticas sustentáveis, contribuindo para o objetivo mais vasto da preservação ambiental e da segurança energética.

Para mais informações sobre a investigação e as publicações do Dr. Aloke Verma, visite os seus perfis no Google Scholar, ResearchGate e outras plataformas académicas.

- https://scholar.google.com/citations?user=KZqguusAAAAJ&hl=en
- https://www.researchgate.net/profile/Aloke-Verma

- https://orcid.org/0000-0003-4583-5987

- https://www.linkedin.com/in/dr-aloke-verma-77746437/
- https://vidwan.inflibnet.ac.in/profile/459120

Printed by Books on Demand GmbH, Norderstedt / Germany